笑死人的进化

·危险的进化·

[日]今泉忠明 编

赵天 译 齐硕 审校

中信出版集团 | 北京

前　言

写下这本书，可不是为了吓唬小读者们，也不是在讲"要是被咬到的话会变成怎样怎样"，请大家放心。

另外，也不会讲遇到危险生物时，应该"快逃跑"或是"战斗"，当然也没有告诉大家"抓住它们"或是"在家里养一养"这样无勇无谋的做法。

写下这本书，是想让大家了解世界上有很多动物因为各种各样的原因而被认为是危险的。我们每个人都有一座知识的宝库。我们感兴趣的东西越多，懂得的越多，我们的宝库越丰富，我们的生活也越充实、越快乐。

即便从没有想过要去南美的亚马孙河游泳，或是去非洲雨林调查神秘生物，了解这些危险的生物会有所收获。

"世界上原来有这样的生物啊！"这和加减法一样，都是一种非常重要的知识。

阅读这本书，如果可以让你想一想"为什么会有这样的生物呢"就太好了。思考"为什么"是一件非常重要的事情，也是一件非常快乐的事情。

在这本书中登场的危险生物，都是在自然界中自然诞生的。诞生后进化了的动物，和诞生后很少进化的动物，都生存到了今天。在自然界中诞生的生物，都是有其意义的。就算是很多人害怕的毒蛇，也在自然界中起着非常重要的作用。

希望大家在阅读这本书的时候，可以慢慢了解关于这些动物的知识，以及自然界的组成。

　　这本书中的知识，在大家长大成人、踏入社会后，一定可以派上用场。

今泉忠明

目录

第一章　有必杀技的特殊生物

第二章 有剧毒的危险生物

第三章 生命力超强的生物

故事③

第四章 从各种角度来说都很奇妙的生物

故事④

巨大凶暴的昆虫

第五章　看起来就很可怕的生物

本书阅读方法

① 咬住猎物后旋转身体 给猎物最后一击

湾鳄

第一章 有必杀技的特殊生物

湾鳄是世界上最大的爬行动物，全长可达4~7米。湾鳄会隐藏在河边，攻击接近的动物，把它们拖进水中杀死并吃掉。

湾鳄最具攻击性的技能就是"死亡旋转"了。当它们咬住猎物后，就会立刻旋转身体将猎物彻底杀死，然后吃掉。

④ 而且，因为体形大，有的较大的湾鳄也会攻击较小的。在澳大利亚北部的卡卡杜国家公园，有人在乘船旅游时，曾目睹5米长的大湾鳄攻击2米长的小湾鳄的情景：大湾鳄牢牢咬住小湾鳄，把它拖进水中，然后用死亡旋转把小湾鳄彻底杀死。它们也会攻击人类，尤其是在澳大利亚，每年都会有受害者。

还有一种主要分布在非洲大陆的尼罗鳄，它们的体形也很大，凶暴程度也不输给湾鳄。可以说尼罗鳄和湾鳄是鳄鱼中最危险的两种了。

遭遇时的应对方法

⑤ 在陆地上行动会变慢，也很容易昏迷不支，如果遇到它们的话，就全力逃跑吧。

用必杀技 死亡旋转 **②** 给猎物最后一击

危险 用旋转解决猎物的最强鳄鱼！ **③**

分类 ▶ 爬行纲
食性 ▶ 肉食
特征 ▶ 用死亡旋转杀死猎物
全长 ▶ 4~7米
主要栖息地 ▶ 东南亚、澳大利亚沿海等区域

002

003

---

① 介绍生物的名字（※）。

② 能力和特征的解说。

③ 介绍生物的分类、食性、特征、体长、主要栖息地等。

④ 生物的详细解说。

⑤ 遭遇时的应对方法。

※ 此处一般采用认知度较高的名字。分类较细的生物有时会采用统称。

※ 本书为 2020 年的解说内容。

第一章

有必杀技的特殊生物

为了在地球上生存，生物们都磨炼出了自己的特殊能力。
首先，让我们来看一看生物们进化出的"必杀技"吧。

尽量不要接触这章
介绍的生物哟

用必杀技
死亡旋转
给猎物最后一击

必杀技

用旋转解决猎物的最强鳄鱼！

分类 ▶ 爬行纲		
食性 ▶ 肉食	**全长** ▶ 4~7米	
特征 ▶ 用死亡旋转 杀死猎物	**主要栖息地** ▶ 东南亚、澳大利亚沿海 等区域	

咬住猎物后旋转身体

给猎物最后一击

湾鳄是世界上最大的爬行动物，全长可达4~7米。湾鳄会隐藏在河边，攻击接近的动物，把它们拖进水中杀死并吃掉。

湾鳄最具攻击性的技能就是"死亡旋转"了。当它们咬住猎物后，就会立刻旋转身体将猎物彻底杀死，然后撕碎它吃掉。

而且，因为它们什么都吃，有的较大的湾鳄也会攻击较小的湾鳄。在澳大利亚北部的卡卡都国家公园，有人在乘船旅游时，曾目睹5米长的大湾鳄攻击2米长的小湾鳄的情景：大湾鳄牢牢咬住小湾鳄，把它拖进水中，然后用死亡旋转把小湾鳄彻底杀死。它们也会攻击人类，尤其是在澳大利亚，每年都会有受害者。

还有一种主要分布在非洲大陆的尼罗鳄，它们的体形也很大，凶暴程度也不输给湾鳄。可以说尼罗鳄和湾鳄是鳄鱼中最危险的两种了。

遭遇时的应对方法

在水中很危险的湾鳄，在陆地上行动会变慢，也很容易体力不支。如果遇到它们的话，就全力逃跑吧。

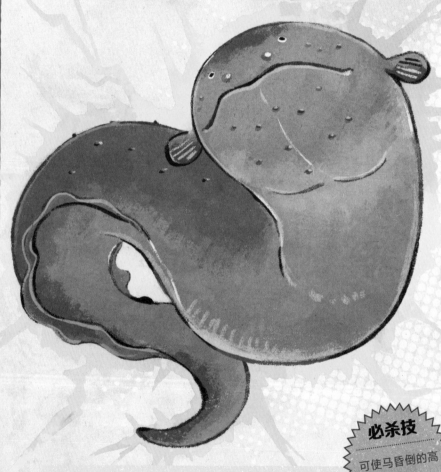

用强电流
使强敌一击昏迷

必杀技

可使马昏倒的高
压电击

分类 ▶ 辐鳍鱼纲	
食性 ▶ 肉食（主要为鱼类）	**体长** ▶ 约2米
特征 ▶ 能发出强烈电流	**主要栖息地** ▶ 亚马孙河、奥里诺科河流域

简单粗暴的电击是最强的必杀技？
即使处于下风也能一击逆转

电鳗尾部的两侧部位有一对发电器。当捕食猎物或遇到危险时，可以发出 800 伏左右的电压，几乎相当于家庭用电电压的 4 倍。据说在南美的栖息地，曾有过电鳗将捕食它的凯门鳄电死的案例。

800 伏的电击虽然只有一瞬间，但威力非常强大，可以使 10 倍于电鳗体重的马瞬间心脏停搏。电鳗还可以一直发出微弱的电流，可持续 1 分钟左右。当强力一击没有击败敌人的时候，它们会缓慢地给予敌人持续伤害。

虽然暂时还没有人类因电鳗死亡的报道，但接触过电鳗的人，基本会出现因受到电鳗持续电流的伤害而导致呼吸困难、心率不全的反应。

此外，多次有新闻报道人们在河里玩水时被电鳗电击而昏迷导致溺水身亡，因此一定要注意。

遭遇时的应对方法

如果在南美的河边看到它们的话，就不要下水了。尤其是不要为了试胆而接触它们！

强力飞踢的
破坏力
可破吉尼斯纪录

必杀技

强力飞踢和锐利的爪

分类 ▶ 鸟纲	
食性 ▶ 杂食	**全长** ▶ 约2米
特征 ▶ 锋利的爪和强大的踢力	**主要栖息地** ▶ 新几内亚岛和澳大利亚的热带雨林

强力飞踢有时会致人死亡，不知恐惧为何物的最强怪鸟

双垂鹤鸵全身黑色，头部和脖子有蓝色等鲜艳的颜色，看起来非常美丽。它们的性格非常凶暴，虽然属于鸟类，但它们并不会飞，取而代之的是强大的足部力量和又尖锐又长、长约 12 厘米的趾甲。据说双垂鹤鸵的踢力能达到重量级格斗选手的 2 倍，有时会直接踢碎猎物的骨头。

2019 年，美国佛罗里达州曾发生过双垂鹤鸵杀死 75 岁饲主的事件。双垂鹤鸵奔跑时可达每小时 50 千米，远超人类能达到的速度。野生的双垂鹤鸵住在较少有人类活动的热带雨林，因此很少有伤害人类的案例，但 1926 年，曾出现一起双垂鹤鸵致死事件，受害者是澳大利亚的一名 16 岁少年。在日本，双垂鹤鸵被列为危险动物，禁止饲养，但 2012 年，秋田县出现过违规饲养的双垂鹤鸵逃跑的报道。

遭遇时的应对方法

双垂鹤鸵较少袭击人类，但感到危险时它会果断出击。因此一旦遇到，尽量不要接近它们。

可对发光物体
自动反应的
凶器之吻

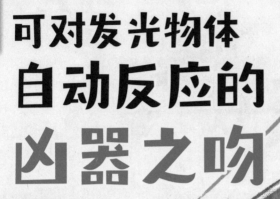

必杀技

用超高速冲刺的话，可贯穿人类的身体！

分类 ▶ 辐鳍鱼纲			
食性 ▶ 肉食		**体长** ▶ 1~1.5 米	
特征 ▶ 又尖又长的嘴		**主要栖息地** ▶ 热带、温带海域	

比鲨鱼更可怕的「海中歹徒」，潜水时一定要注意

针鱼栖息在较暖的海域。它们最大的特征就是又尖又长的嘴，而且有着锐利的牙。它们捕食时会尤其关注小鱼反光的鳞片，有着看到发光物体就冲刺的习性。因此，如果夜晚有光照到针鱼栖息的海域，它们会立刻跳起并向光源冲刺。此前有人被针鱼自眼睛贯穿至大脑而死亡，而且它们会袭击潜水者身上携带的灯。

2005 年，就有一名在夏威夷夜潜的潜水者被针鱼贯穿了腹部。一旦真的被针鱼扎到，切记不要擅自将它们拔出来，因为这样容易导致大出血。它们活动在相对较浅的海域，因此在一定意义上是比鲨鱼更加可怕的"海中歹徒"。为了避免遭到它们的攻击，潜水时一定不要携带发光的物品。

遭遇时的应对方法

潜水时，在有针鱼的海域要避免光射。在海上用光照向海里也很危险。

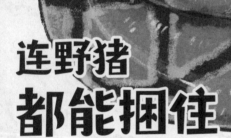

连野猪
都能捆住
并一口吞下

分类	▶ 爬行纲		
食性	▶ 肉食	全长	▶ 5~7 米
特征	▶ 缠起猎物使其窒息	主要栖息地	▶ 东南亚的热带雨林等

把绞杀致死的猎物一口吞下！

经常出现袭击人类的事件

网纹蟒是世界最长的蛇，虽然无毒，但缠绕猎物的力量非常大，并能把猎物一口吞下。被网纹蟒缠住的猎物血流会变慢，最终心脏停止跳动。杀死猎物后，它会张大嘴巴，把猎物吞下。因为网纹蟒肚子里有强力的消化液，因此它们不用把猎物咬碎，而是可以连骨头一起消化。网纹蟒性情凶猛，会把入口的任何东西全都吞下去。

野生的网纹蟒可以一口吞下整头野猪。当栖息地的猎物不足时，它们会侵入人类居住地袭击牛和猪等家畜，有时甚至会攻击人类。在东南亚，网纹蟒导致的人类死亡事件频发，1995 年，马来西亚一名 29 岁的男性被网纹蟒绞杀。

在日本，网纹蟒被列入特定动物名单，不可饲养。但 2012 年，曾发生过宠物店的网纹蟒逃出，将宠物店店主一家绞杀的事件。

遭遇时的应对方法

一旦被缠住，便绝对无法凭借自己的力量逃出，因此遇到时一定要全力逃跑。大蟒的动作缓慢，能很轻易地逃脱。

连狮子也害怕的"平头哥"

必杀技

背部的皮肤很厚，伸缩性强，敌人无法靠近

分类 ▶ 哺乳纲

食性 ▶ 杂食　　　　　**体长** ▶ 60~80 厘米

特征 ▶ 皮肤又厚又软　　**主要栖息地** ▶ 非洲大陆、中东、南亚

皮肤的防御力满分，攻击无法穿透？
世界最无所畏惧的动物

蜜獾虽然体形小，但性格凶猛。当感觉到危险时，它们连比自己大数倍甚至数十倍的狮子和野牛也会攻击。因此，它们被吉尼斯世界纪录列为"世界最无所畏惧的动物"。蜜獾背部的皮肤很厚，狮子的牙都无法穿透。而且，它们会用强力的下颌和爪子攻击对方，在热带草原，连狮子都不敢接近蜜獾。

还不止如此。蜜獾生存能力很强，就算被眼镜蛇和蝎子这样有剧毒的生物攻击，也只是会暂时无法行动，几小时后便会恢复正常。而且，蜜獾和臭鼬一样，在肛门周围分布着臭腺，当威吓敌人时，可放出强烈的臭气，一旦接触到，味道一星期都无法散去。自然界中像这样体形很小，却有着如此强大攻防能力的哺乳动物，也许只有蜜獾了。

遭遇时的应对方法

如果不在它们的栖息地狩猎猛兽的话，应该不会遭遇蜜獾。一旦遭遇很难对付，因此尽量远离它们出没的地方吧。

潜伏在猎物体内，
淡水中的
暗杀者

必杀技

正因身形纤细，才能潜入猎物体内

分类	▶ 辐鳍鱼纲		
食性	▶ 肉食	体长	▶ 3~30 厘米
特征	▶ 侵入猎物体内，从内部将猎物吃光	主要栖息地	▶ 亚马孙河流域

可怕程度与外观相反，能侵入猎物体内，从内部将其吃光

牙签鱼看起来就是普普通通的淡水鱼，但它的习性非常可怕。它会潜入猎物的身体里，从内部吸血或将猎物的肉全都吃光。牙签鱼分体长约 20 厘米左右的紫罗兰牙签鱼和 3~10 厘米的强盗牙签鱼两种。紫罗兰牙签鱼会咬破猎物的皮肤侵入体内，而强盗牙签鱼则会通过猎物身体的孔洞侵入。

牙签鱼有着咬破人类眼球的力量。强盗牙签鱼会从其他鱼的鱼鳃处潜入体内，吸食血液。它们也会从尿道口和肛门侵入人体内，据说有人曾因牙签鱼侵入体内而剧痛死亡。而且，它们背部有倒钩状的刺，一旦侵入体内便很难取出。它们是亚马孙流域非常恐怖的生物，被人们评价为"比食人鱼还可怕的鱼"。

遭遇时的应对方法

不要裸体进入牙签鱼生活的水域。不把身体的孔洞暴露出来，牙签鱼就无法侵入，所以不必太担心。

能发出火箭喷射般的
液体攻击

必杀技

若感觉到危险会喷出红色体液

分类 ▶ 哺乳纲

食性 ▶ 肉食　　　**体长** ▶ 3~4 米

特征 ▶ 感到危险时会喷出暗红色液体

主要栖息地 ▶ 太平洋、大西洋、印度洋的温暖海域

虽然性情非常温和，但会喷射出大量液体遮挡敌人视线

鲸的动作通常都很华丽，但小抹香鲸的动作却非常朴实。它们在上浮和潜水时几乎不会发出声音，也很少跃出水面。

在鲸目中，小抹香鲸最小，和海豚差不多大。因此，它们常常被鲨鱼等捕食者作为捕食的对象。当它们感觉到危险时，会喷射出液体，遮挡敌人的视线以逃脱。有人在南非的开普敦目击过小抹香鲸的同属倭抹香鲸喷射烟雾状液体吓退海狗的情景。虽然这种液体没有毒，但喷射量很大，喷射范围广，对方的视线会被完全遮挡。

然而，小抹香鲸在没有感觉到危险的情况，是不会喷射液体的。因此如果在潜水时遭遇小抹香鲸，不用太过慌乱。

遭遇时的应对方法

如果没感觉到危险就不会攻击人类。它们偶尔会出现在浅滩，如果遇到还是远远观察一下就好了。

用装死来
迷惑敌人

分类 ▶ 哺乳纲

食性 ▶ 杂食

特征 ▶ 被敌人攻击的话会流出
恶臭的液体并装死

体长 ▶ 40~65 厘米

主要栖息地 ▶ 南、北美洲

必杀技

面临被敌人攻击
的危险时，会
发出恶臭

遇到危机也不慌乱！会发出恶臭来回避危机

　　虽然负鼠看起来像比较大的老鼠，但它们和袋鼠同类，是栖息在北美大陆的有袋动物。负鼠食性为杂食，以昆虫类、两栖类和水果为食。平时在树上生活，因此用来爬树的爪子十分发达。它们的尾巴没有毛，方便卷上树枝固定住身体。

　　当负鼠被郊狼、野狗和山猫等天敌袭击时，就会用装死这一手段来逃脱。它们会伸出舌头，使装死更加真实。因为肉食动物通常警戒心很强，不吃其他动物杀掉的猎物，所以负鼠用这一招通常能成功逃脱。在装死时，就算敌人来到近处，负鼠也会忍耐着不动，直到敌人离开后才逃走。据说它们偶尔也会用锐利的爪子攻击敌人。和外表看上去不同，负鼠非常有头脑。

遭遇时的应对方法

　　负鼠通常不攻击人类，就算遇到也不会有危险。但它们可能携带传染病菌，因此还是要注意。

成群攻击敌人，
用强韧的颚吃光一切！

行军蚁是蚂蚁中很少见的并不挖巢穴生活的种类，它们组成数百万只的大群移动生活。可以说它们组成的集群能吃掉一切生物。

它们的猎物主要是昆虫和其他某些节肢类动物，但它们也会吃掉生病或受伤的牛或马。行军蚁的眼睛已退化，几乎看不到东西，因此它们靠振动和气味寻找猎物。

行军蚁有时也会攻击人类。它们的颚力量非常强，如果被它们咬住，很难脱身。如果硬要扯下它们，会导致皮肤破裂出血。而且，它们有毒针，可以用毒针进行攻击。毒性虽然不

分类	▶昆虫纲		
食性	▶肉食	体长	▶1.5~2 厘米
特征	▶组成集群生活	主要栖息地	▶中南美

必杀技

强力的颚可以吃掉一切生物

把比自己还大的猎物通通吃光!

会致人死亡，但痛感会非常强烈。

　　人类被行军蚁袭击的话多为轻伤，但南美地区曾发生有人在树荫下睡午觉被大群行军蚁袭击死亡的案例。

遭遇时的应对方法

　　虽然很少有人因行军蚁的袭击死亡，但小小的行军蚁集成群体的话也非常危险，遇到的话要小心。

身陷绝境的"屁"
可令人失明!

必杀技
喷出恶臭液体击退天敌

分类▶哺乳纲

食性▶杂食

体长▶约40厘米

特征▶肛门附近可分泌有强烈恶臭的液体

主要栖息地▶南、北美洲

一击必杀的恶臭攻击，
有着能令任何强敌都闻风丧胆的破坏力

　　臭鼬的天敌有郊狼、狐狸和野犬等。当被它们袭击时，臭鼬会从肛门周围分泌出有剧烈臭味的液体并喷射出来。据说一旦被这种液体溅到，气味可持续几个月。遭受液体攻击的敌人会呕吐，严重的可能会失明，不过，这种攻击无法抵御从空中攻击的鹰和鹭。日本原本没有臭鼬分布，但因为它们黑白相间的外表看起来非常可爱，最近几年人气很高，开始有人把它们作为宠物饲养。作为宠物的臭鼬通常会被去除臭腺，因此比较安全，但如果遇到野生的臭鼬，一定不要接近它们。臭鼬胆子比较小，很少会主动攻击，但它们如果觉得危险，就会喷射液体。要和它们保持最小 4~5 米的距离，尽量不要吓到它们。

遭遇时的
应对方法

　　如果遇到野生臭鼬，一定要远离。虽然它们看起来很可爱，但贸然接近是非常危险的。

雀尾螳螂虾

有着子弹般威力的高速拳头，潜水时接近会非常危险

雀尾螳螂虾平时生活在珊瑚礁和岩礁的洞穴中，虽然身体鲜艳的红色和蓝色令它们看起来有些滑稽，但它们的捕肢力量很大，可以打出超强的拳击。它们的猎物主要是海底的壳类，超强的拳击连坚硬的壳都可以打碎。

雀尾螳螂虾非常好斗，被激怒时就会使用重拳攻击，同类间也经常发生争斗。

如果雀尾螳螂虾认真起来，它们拳击的冲击力可以匹敌点 22 口径的子弹，能轻易地击碎玻璃。

雀尾螳螂虾外观非常华丽，所以也有人饲养它们。但如果玻璃比较薄的话，会被轻易击

必杀技

击出的捕肢一下就能打碎贝壳

分类 ▶ 软甲纲			
食性 ▶ 肉食		**体长** ▶ 10~15 厘米	
特征 ▶ 捕肢能击出强力拳击		**主要栖息地** ▶ 印度洋、太平洋热带海域	

能将玻璃击碎，子弹般的高速拳击

碎，因此如果饲养的话，要选用钢化玻璃。

当它们生气时，连潜水者的护目镜都能击碎。它们会隐藏在珊瑚礁等潜水者喜欢的地方，因此如果遇到它们，不要去打扰。

遭遇时的应对方法

当潜水接近珊瑚礁和岩礁时要注意。如果发现了雀尾螳螂虾，不要去打扰它们。

用"铁"爪

将猎物的头盖骨破坏掉

分类 ▶ 鸟纲

食性 ▶ 肉食　　　**全长** ▶ 约1米

特征 ▶ 能捕捉较大猎物的超强抓力　　　**主要栖息地** ▶ 中南美的森林地带

能直接绞杀猎物的惊人怪力！

感到危险时会攻击人类

　　角雕是大型猛禽，双翼展开可达 2 米。它们行动非常迅捷，可以在树林间穿梭飞行。它们飞行时不发出声音，因此可以悄悄接近猎物。猛禽类喜欢捕食较大的猎物，因此角雕的猎物有猴子、树懒及大型爬行类动物等。树懒通常会把爪子嵌入树干以牢牢固定住自己，但角雕的力量能够将树懒拉下来。据说它们的抓力相当于 150 千克。

　　猛禽类通常会把抓到的猎物扔到石头上摔死，或是用喙将猎物啄死，但角雕会用它们长达 13 厘米的爪和超强的抓力杀死猎物。

　　如果不是感到危险或是在筑巢，角雕一般不会攻击人类。如果角雕真的想要攻击人类，那么它们可以折断成年男性的手臂，甚至可以用爪穿透人的头盖骨。

遭遇时的应对方法

　　角雕通常不会攻击人类，但它们的利爪拥有杀人的能力，因此不能贸然接近。

鼓虾

用螯放出的

对人类来说很有趣，
对小鱼来说是恐怖的声波武器！

　　鼓虾左右各有一个大大的螯（áo），看起来有点像蝎子。它们分布在东亚地区，喜欢栖息在海底有泥沙的地方，挖大概几十厘米的洞生活。它们主要的天敌有鲉鱼、牛尾鱼、鲈鱼、黑鲷等。

　　在被敌人攻击时，鼓虾会用一侧的螯发出声音来吓退敌人。它们会有习惯使用的一侧，因此螯的大小也会有区别。它们的螯不仅能发出声音，还能击出强劲的水流，令敌人暂时昏迷。鼓虾捕食时也会用这种攻击，攻击的威力可以让小鱼随着冲击浮上水面。不过，这种冲

分类	▶ 软甲纲
食性	▶ 杂食
特征	▶ 用大螯发出声音击退敌人
体长	▶ 约 10 厘米
主要栖息地	▶ 东亚沿岸海域

声音和冲击

击基本不会对人类造成伤害。鼓虾和蝦虎鱼为共生关系，鼓虾负责保护巢穴，蝦虎鱼负责看守洞穴，防止外敌入侵。

遭遇时的应对方法

海水浴时可能会遇到。它们对人类没有危害，因此不用害怕。

杀人最多的 生物排行榜

身边的危险生物，大家要注意了！

第1名 蚊子

世界上杀人最多的生物是蚊子（参见第 116 页）。它们是传播疟疾和登革热的媒介，世界每年因蚊子死亡的人数达 75 万人。

第2名 人类

人类是生物中智慧最高的。人类不断开发可怕的兵器，不断展开恐怖袭击和战争。每年因人类的纷争而死亡的人数达 44 万人。

第3名 蛇

每年被蛇杀掉的人数多达 10 万。除了被蝮蛇、黄绿原矛头蝮、眼镜蛇等毒蛇咬伤外，也有被蟒蛇绞杀的事件。

第4名 狗

被狗咬伤而死的事件偶尔也会在日本出现。在发展中国家，也有很多人因狂犬病而丧生。每年因各类与狗相关的原因致死的人数达 3.5 万人。

第5名 蜗牛

孩子们喜欢的蜗牛中，有些种类携带寄生虫，因此一定要注意（参见第 120 页）。每年因寄生虫引起的脑膜炎导致死亡的人数达 2 万人。

第二章

有剧毒的危险生物

生物们为了生存而获得的特殊能力之一，就是"毒"。
有的生物通过外表看不出是否有毒，因此要注意。

本章末尾会介绍"吃了会很危险"的生物

哈——

有着神经毒素的超危险蝎子

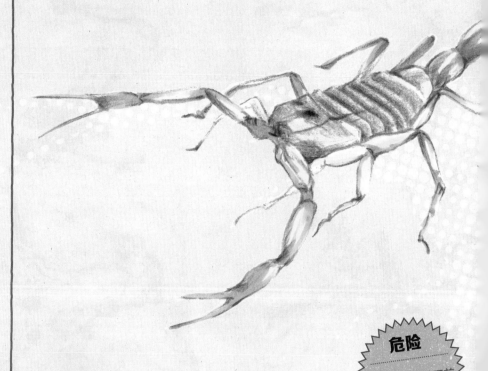

危险

尾巴尖的毒针可前后移动突刺

分类 ▶ 蛛形纲	
食性 ▶ 肉食	体长 ▶ 4~10 厘米
特征 ▶ 尾巴尖有毒针	主要栖息地 ▶ 中东至北非东部干燥的沙漠区

被称为「杀人蝎」的剧毒生物
被蜇后儿童死亡率可达 60%！

以色列金蝎有非常强的神经毒素。它们速度很快，性情凶残。带有毒针的尾部的第五节为黑色。它们被称为"杀人蝎"，一次可释放 0.255 毫克的少量毒素。虽然注毒量不足以杀死成年人，但对于孩子来说，一旦中毒，死亡率可达 60%。现在已经开发出了解毒药，因以色列金蝎而死亡的事件变少了。

以色列金蝎栖息在矮树地区和沙漠等石头较多的区域。非洲生活着一种叫细尾獴的哺乳动物，它们以蝎子为食物，且有着耐蝎毒的特征，是以色列金蝎的天敌。

虽然钳蝎科的蝎子很危险，但因为它们外形帅气，有时会被作为宠物饲养。但现在日本等国家已经禁止引进、饲养和贩卖它们，如果饲养会犯法。

遭遇时的
应对方法

以色列金蝎为夜行性动物，白天会潜伏在阴暗处。它们有时会藏在鞋里，穿鞋前要注意。

10分钟就会因心力衰竭而死亡，要注意世界最强的剧毒

澳大利亚箱形水母有着世界最强的毒性，人们通常叫它们"海黄蜂"。它们的伞盖为立体箱型，周围伸出带有刺细胞的长长触手，用来捕食接触到的小鱼。人类一旦碰到这些触手，毒素会导致极度疼痛、皮肤坏死、休克、呼吸困难等症状，在严重的情况下，有可能10分钟

分类 ▶ 立方水母纲

食性 ▶ 肉食

特征 ▶ 以每秒 1.5 米的速度游泳

尺寸 ▶ 伞盖高度 25~60 厘米，触手长 4.5 米

主要栖息地 ▶ 澳大利亚、新几内亚岛北部、马来西亚、菲律宾和越南

最毒的
杀人水母

内就会因心力衰竭而死亡。

澳大利亚箱形水母多在白天活动，夜晚会沉入海底休息。

遭遇时的应对方法

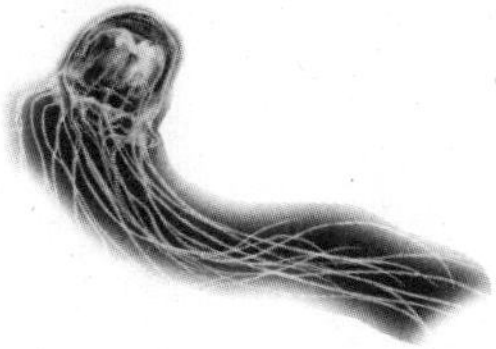

立刻回到陆地上。如果被刺伤，不要碰伤口，应立刻就医。

碰到就危险!
森林中的美丽
恶魔

危险

可蓄积麻痹神经
的剧毒

分类 ▶ 鸟纲	
食性 ▶ 肉食（昆虫）	**全长** ▶ 约25厘米
特征 ▶ 有毒的鲜艳羽毛	**主要栖息地** ▶ 印度尼西亚、巴布亚新几内亚

世界首个被证明有毒的鸟类

黑头林䴗鹟（jú wēng）住在热带雨林中，体色黄黑相间，非常鲜艳。皮肤和羽毛含有与箭毒蛙（参见第 54 页）类似的剧毒。

黑头林䴗鹟的毒为神经毒中的类固醇类，为一种生物碱。这并不是黑头林䴗鹟自身的毒，而是它们食用有毒的昆虫而在体内慢慢积累出的毒素。它们毒性最强的地方在羽毛，其次是心脏和肝脏等内脏，胸部和腹部的皮肤毒性也很强。因为这些毒素，它们可以抵御寄生虫和猛禽类等天敌。如果人类不慎食用了它们，也是会致命的。

黑头林䴗鹟被科学证明有毒，是近几十年的事情。1992 年，美国的一所大学发表了对黑头林䴗鹟的研究，认定其有毒。它是世界首个被证明有毒的鸟类。

遭遇时的应对方法

在远处观察的话并不会造成危险，但不可触碰或捕捉它们来食用，否则会导致死亡。

昆虫界最强的杀人蜂

分类 ▶	昆虫纲
食性 ▶	肉食（幼虫）
特征 ▶	拥有能多次使用的毒针

体长 ▶	雌蜂：3.7~4.5 厘米
	工蜂：2.7~3.7 厘米
主要栖息地 ▶	东亚至东南亚

危险

接近它们巢穴的话，它们会用强力的颚发出咯咯的声音威吓入侵者

日本每年有约30人因被毒针刺伤死亡

　　大胡蜂是日本的蜂中体形最大、攻击性最强的。雌蜂的尾端有毒针，可以多次攻击敌人。它们的毒素中含有多种成分，一旦被刺中会出现皮肤红肿、血管组织破坏和过敏反应等症状，严重时会导致死亡。在日本，每年约有30起因被胡蜂刺伤而死亡的事件。

　　它们不会胡乱攻击人类，但不可以贸然接近它们的巢，或是刺激到它们。大胡蜂被激怒时会集群攻击，它们会攻击快速移动的东西，因此用手拍打或是逃跑的话都会产生反作用。此外，它们有攻击黑色和黄色物体的习性，因此在野外最好穿着白色的衣服。

遭遇时的应对方法

　　一旦被威吓，应立刻离开。一旦被刺伤，应立刻就医。

不用墨汁
而用毒来防御!

危险

可蓄积麻痹神经
的剧毒

分类 ▶头足纲	
食性 ▶肉食（蟹和虾）	**体长** ▶约12厘米
特征 ▶唾液有毒	**主要栖息地** ▶西太平洋和印度洋

拥有像河鲀一样的剧毒，能将咬住的猎物麻痹

斑点豹纹蛸（shāo）是潜伏在温暖海域的岩礁和珊瑚礁等处的小章鱼，你也可在潮间带看到它们的身影。被敌人攻击时它们不会吐出墨汁，而是靠身体表面的蓝环发光和唾液腺中与河鲀毒素类似的剧毒来保护自己。在捕食时，它们也会用毒素来麻痹猎物。

人类一旦中毒，在 10 分钟后会产生头晕、语言障碍、呕吐、呼吸困难和全身麻痹等症状，症状可持续一个半小时左右，严重者会导致死亡。在澳大利亚，发生过多起人类在潜水或海水浴时被斑点豹纹蛸啮咬的事件。这种毒是斑点豹纹蛸把它们捕食的贝类所含有的毒素积累在体内的结果。

遭遇时的应对方法

虽然看起来很可爱，但不能随便触摸。一旦被咬，应立刻就医。

被刺伤的话会在海边死亡?!

分布在温暖海域的筒状贝壳,栖息在潮间带水深 25 米左右的岩石和珊瑚礁中。筒状贝壳会像射箭一样,从壳中发射出能将食物削碎的"齿舌",齿舌上有强力的毒素。被刺中的话,伤口会变紫,出现全身麻痹、运动神经失调、呕吐、头晕、呼吸困难等症状。还有人在钓鱼、潜水或赶海时被它们刺伤后晕倒在海边,到涨潮时被溺死。也有儿童不小心拿在手里玩而被刺伤。

分类 ▶ 腹足纲

食性 ▶ 肉食（鱼、沙蚕）　　壳高 ▶ 约 12 厘米

特征 ▶ 发射带毒的齿舌　　主要栖息地 ▶ 西太平洋至印度洋

用隐藏的毒素
使猎物麻痹

遭遇时的应对方法

因为它们毒性很强，因此在日本冲绳县被叫作"毒螺""海边死"。之所以被叫作"海边死"，是因为就算被刺伤后逃向陆地，也可能会在海边死去，因此得名。

不要触碰它们，也不要一个人去有杀手芋螺的海边。一旦被刺伤，应立刻就医。

四大毒蛇 ➤ 银环蛇

要注意
毒素扩散很快

一旦被咬伤
会立刻感觉呼吸困难……

危险
所含的剧毒
可杀死 12 名
成年男性

被拥有神经毒素的蛇咬伤很容易死亡。银环蛇是陆地上毒性最强烈的毒蛇之一。

一旦被它们咬伤，会导致全身无力、呼吸困难，最终死亡。银环蛇的毒素扩散速度比其他蛇快很多。

分类 ▶	爬行纲
食性 ▶	肉食（蛇、蜥蜴、蛙类、鱼类）
特征 ▶	毒素扩散快

全长 ▶ 100~150 厘米

主要栖息地 ▶ 中国南部、东南亚等

四大毒蛇 眼镜蛇

被咬住的部位会坏死

印度每年约有一万人被咬

危险

感觉到危险的话会张开颈部皮褶威吓敌人

　　眼镜蛇有近 30 个物种，它们的活动范围很广泛，从森林深处到人们住的地方都可以看到它们的身影，而且它们在白天和黑夜都会出来活动。在印度，每年约有 1 万人遭到眼镜蛇的攻击。一旦被眼镜蛇咬伤，伤口周围的皮肤会坏死。但因血清治疗技术逐渐发达，现在被眼镜蛇咬伤后的死亡率逐渐降低。被咬后皮肤会坏死，是因为眼镜蛇的毒素中含有细胞毒素。

分类 ▶ 爬行纲

食性 ▶ 肉食（鸟、小型哺乳动物、蛙类）

特征 ▶ 威吓时会将身体竖起，张开颈部皮褶

全长 ▶ 120~170 厘米

主要栖息地 ▶ 中东、东南亚、非洲等

无差别攻击的
狂暴蛇

在很多地方
都能看到它！

　　锯鳞蝰体形较小，生性凶猛，会多次攻击人类，因此需要非常注意。它们的毒性很强，人一旦被它们咬伤，死亡率可达40%。它们的活动区域广泛，人类经常会遇到它们，尤其是在印度，经常有人被锯鳞蝰咬伤。遇到危险时，它们会摩擦鳞片发出警告的声音。

分类 ▶ 爬行纲

食性 ▶ 肉食

特征 ▶ 凶暴

全长 ▶ 40~80厘米

主要栖息地 ▶ 印度、巴基斯坦及
中东地区

四大毒蛇 ▶ 圆斑蝰

在当地人人惧怕的
剧毒杀人蛇

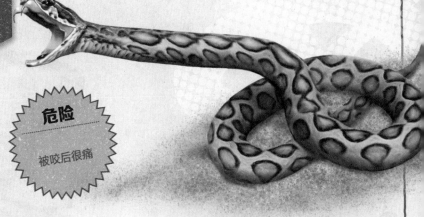

危险

被咬后很痛

体形较大，
动作也非常迅速！

　　圆斑蝰在毒蛇中是毒性超强的种类，攻击性也很强。与平时的动作相比，它的攻击动作非常迅速，在斯里兰卡等分布密度较高的地区，每年都有很多人被咬伤。它们的毒素为出血性毒素和神经毒素，被咬伤的话会有强烈的痛感，也会留下后遗症，甚至需要截断手脚，是当地最令人害怕的蛇。

分类 ▶ 爬行纲

食性 ▶ 肉食

全长 ▶ 100~200 厘米

特征 ▶ 卵胎生，一胎可生 20~60 只小蛇

主要栖息地 ▶ 印度、巴基斯坦、斯里兰卡等

就算在海边死掉了
也很危险的
"电水母"

分类 ▶ 水螅虫纲

食性 ▶ 肉食（鱼）

特征 ▶ 被刺到的话会有像触电
一样的痛感

尺寸 ▶ 约 10 厘米（浮囊），10~30
厘米（触手）

主要栖息地 ▶ 太平洋温暖海域

虽然有像僧帽一样的有趣外形，但触手有能致命的剧毒！

僧帽水母栖息在温暖的水域，它们可以浮在水面。外观为美丽的蓝色和紫色。它们的浮囊看起来像以前的僧帽。它的触手中有带剧毒的刺细胞。

僧帽水母的毒素有着溶血、收缩肌肉、引起神经障碍的作用，被它们刺伤的话，会有强烈的痛感，而且会引起头痛、呕吐、呼吸困难和心律不齐的症状，严重者会死亡。

被刺伤的话会感觉到像触电一般的痛感，因此在某些地方也被称为"电水母"。但其实它并不是普通的水母，其浮囊下面有较繁杂的群体，包括营养体、生殖体、触手等。它们一般会漂浮在外海的水面，但也会被强风带到海岸附近，引发多起人们在海水浴时被它刺伤的事件。它们在海岸漂浮时，带毒的触手可能会断裂散开，要小心，不要碰到。

遭遇时的应对方法

如果在海中遇到它们，一定要迅速离开。一旦被刺伤，要戴手套去除带刺的细胞，并就医。

能导致世界第一疼痛的 "弹丸蚂蚁"

危险
被毒针刺到的话，疼痛会蔓延到全身

分类 ▶ 昆虫纲

食性 ▶ 肉食

特征 ▶ 尾部有强力毒针

体长 ▶ 约2厘米

主要栖息地 ▶ 尼加拉瓜、巴拉圭等中南美地区

尾部有强力毒针，能带来被子弹击中般的疼痛

子弹蚁生活在中南美的热带雨林。除在地表活动外，也常爬到树上。它们喜欢把巢建在地下或湿润的朽木中。它们的尾部有毒针，毒液中带有蚁酸和神经毒素，能带来"世界第一的疼痛"。

如果人的脖子被刺到，可能会因剧痛而昏迷。人们想要研究它们的这种毒素，但因从单只子弹蚁体内能提取的毒素量非常少，因此研究暂时没有取得很大突破。

子弹蚁在日本也被称为"刺蚁"，在南美，因为它们能带来像被子弹击中一般的疼痛，因此被称为"弹丸蚁"。在巴西土著的成人仪式上，戴上藏有子弹蚁的特制手套，能忍耐住叮咬之痛的男孩，就会被承认是真正的男人。据说仪式结束后，疼痛会持续好几天。

遭遇时的应对方法

如果动作慢一些的话就不会刺激到子弹蚁，所以如果遇到它们要立刻离开，但不要慌张。注意不要接近它们的巢。

鸭嘴兽

用有毒的后肢
猛踢
雄性竞争者

危险
挥舞藏在后肢
中的毒针释放
毒素

分类 ▶ 哺乳纲

食性 ▶ 肉食（昆虫类、甲壳类、 **体长** ▶ 40~55厘米
鱼类、两栖类、贝类）

特征 ▶ 后肢有毒针 **主要栖息地** ▶ 澳大利亚东部、塔斯马
尼亚岛

哺乳动物中稀少的有毒生物，后肢可释放毒素

鸭嘴兽生活在澳大利亚大陆东部和塔斯马尼亚岛。它们是卵生的原始哺乳类动物。据研究，鸭嘴兽的外形自恐龙活跃的白垩纪后期起，就基本没有改变。雄性鸭嘴兽的后肢有可分泌毒液的刺，长约 1.5 厘米。刺的中心部分是空的，里面有一根管子，连接脚掌处的毒腺。鸭嘴兽的毒素主要是一种被称为防御素的蛋白质，是由鸭嘴兽的免疫系统制造的一种特殊毒素。

繁殖期的鸭嘴兽分泌毒素的量也会变多。如果狗被它们刺伤，会因呼吸和心脏衰竭而死亡。虽然至今没有人类因鸭嘴兽毒素死亡的案例，但一旦被刺伤，剧烈的疼痛可持续好几天，且肿胀处会自伤口处一直扩散到手脚。鸭嘴兽分泌这种毒素并不是为了捕猎，而是为了与同在繁殖期的雄性鸭嘴兽竞争，因此，雌性鸭嘴兽是无毒的。

遭遇时的应对方法

鸭嘴兽在陆地上行动缓慢，但后肢可能有毒，所以不要去捕捉它们。

剧毒能杀死
两头大象

危险

皮肤分泌牛奶状的神经毒素

分类 ▶ 两栖纲

食性 ▶ 肉食（昆虫等节肢动物）　　**体长** ▶ 5~6厘米

特征 ▶ 体表可分泌剧毒　　**主要栖息地** ▶ 哥伦比亚的森林地带

"原始森林的宝石"，一克毒可杀死1万人

箭毒蛙生活在中南美地区的热带雨林中，它们有着非常美丽的外形与体色，因此被称为"原始森林的宝石"。但与美丽的外表相反，箭毒蛙科中有160种都带有毒性，甚至有些箭毒蛙分泌的剧毒，1克就可以杀死1万人。

在箭毒蛙中，黄金箭毒蛙的毒性最强，它们的皮肤会持续不断地分泌剧毒，因此一旦触碰会非常危险。不同种类的箭毒蛙所处的环境也有所不同，比如苏里南的标蛙生活在溪流附近覆盖着青苔的岩石处，而哥伦比亚的黄金箭毒蛙则生活在热带丛林中。它们所带的毒素是一种可引起心脏衰竭的神经毒素，比河鲀毒素的毒性强4倍。据推测，箭毒蛙的毒素可能是捕食带毒的蚂蚁等猎物时积累在体内的。过去，热带雨林地区的土著会把箭毒蛙分泌的毒涂在箭上进行狩猎，因此它们得名"箭毒蛙"。

遭遇时的应对方法

一旦遇到箭毒蛙，要注意绝不能触碰它们。

茂宜纽扣珊瑚

在栖息地游泳
就会导致
住院?!

危险

组织和黏液中含的剧毒比氰化钾强 8000 倍?!

分类 ▶ 珊瑚纲

食性 ▶ 肉食

特征 ▶ 含有海洋动物中最强的神经毒素

直径 ▶ 约 3.5 厘米

主要栖息地 ▶ 印度洋至西太平洋

海洋动物最强神经毒素 比氰化钾强 8000 倍 ?!

茂宜纽扣珊瑚主要分布在夏威夷茂宜岛，是纽扣珊瑚的一种。

茂宜纽扣珊瑚的组织和黏液中含有被称为海洋动物最强毒素的神经毒素——水螅毒素。这种毒素可以使心脏肌肉损伤和肺部的血管急速收缩，破坏血液中输送氧气的红细胞，使其窒息。这种毒素可能是它们吸收细菌等生物而制出的，强度最大可达到河鲀毒素的 50~60 倍、氰化钾的 8000 倍。计算表明，仅 3~6 微克这种毒素就有 50% 的概率导致成年男性死亡。

曾经有夏威夷大学的学生因在茂宜纽扣珊瑚分布的海域游泳而中毒，住院治疗数日才得以恢复。据说夏威夷的居民会用这种毒制作成毒箭使用。

遭遇时的应对方法

曾发生过有人把纽扣珊瑚放到鱼缸中，导致全家昏迷，来救护的人员也接连昏迷的事件，因此不要接近它们。

绒蛾幼虫

虽然**毛茸茸**
但有**剧毒**的幼虫

危险

蓬松的毛内藏
着毒针

分类 ▶ 昆虫纲

食性 ▶ 草食

体长 ▶ 1~2 厘米

特征 ▶ 腹面没有毛，随着成
长毛越来越多

主要栖息地 ▶ 美国东南部、墨西哥等不小心被刺到手的话，剧痛会一直传到肩部！

绒蛾幼虫长着像猫毛一样的毛，因此也被称为"猫毛虫"。虽然它们看起来像毛绒玩具一样可爱，但蓬松的毛下面藏着毒针。如果被它们的毒针刺到，剧痛会一直传到肩部。这种剧痛可持续 12 小时，会引起红肿、皮疹、恶心、呕吐、头痛、低血压等一系列症状，严重时可引起呼吸困难，导致死亡。它们主要以橡树叶、榆树叶、美洲李和玫瑰等园艺植物为食，因此它们会在人类活动的公园和庭院等地方生活，常常引发人类被它们刺伤的事件。

2014 年美国东部曾出现过绒蛾幼虫大量繁殖的情况，当时很多人因被它们刺伤而就医，场面一度非常混乱。此外，它们有着把粪便扔到远处的奇怪特性，据说是为了迷惑天敌和寄生虫等。

遭遇时的应对方法

如果发现，一定注意不要触摸它们。一旦被刺，可用胶带粘出毒针，并立刻就医。

藏在沙子下面的
恐怖毒针

危险
背鳍、尾鳍和腹鳍的棘刺有剧毒……

分类 ▶ 辐鳍鱼纲

食性 ▶ 肉食　　　　**体长** ▶ 约15厘米

特征 ▶ 身体各处的棘刺有剧毒　　**主要栖息地** ▶ 西太平洋、印度洋等

虽然个头小且性情温和，但身体各处的棘刺有剧毒

须蓑鲉生活在水深不到 200 米的浅海底部沙泥中。白天它们会把身体藏在泥沙中，只露出眼睛。它们一侧的胸鳍颜色鲜艳且较长，颌部有须，下颌稍长，外观和其他鲉鱼有些差别。它们长长的胸鳍在捕捉猎物时非常有用，而须则可以让它们即使躲在沙中也能发现猎物。它们的性情温和，但遭遇敌人或是被惊吓到时，会把胸鳍大大张开甩出沙子，并展示内侧的黄色部分来威吓对方。有着较大黑色斑纹的背鳍处有 15 根棘刺，尾鳍有 3 根棘刺，两方的腹鳍各有 1 根棘刺。在日语中，这种鱼的名字与"蜜蜂"读音相同，这是因为被它们刺伤的疼痛和被蜜蜂蜇伤的疼痛有些相似。用定置网捕捞时常常可以捕捉到它们，但其他常用的捕鱼方法几乎无法捉到，也较少有人食用，是比较令人头疼的一种鱼。

遭遇时的应对方法

用拖网的方式捕鱼时，偶尔会捕捉到它们。它们身体各处有着有毒的棘刺，应尽量远离。

鞭子一样的
尾巴根部
长着毒针

危险

尾巴根部长有
毒刺

分类 ▶软骨鱼纲

食性 ▶肉食（贝类、甲壳类、鱼
类、章鱼和鱿鱼等）

体长 ▶120~200 厘米

特征 ▶尾巴根部长有 1~3 根毒针

主要栖息地 ▶西太平洋等

被毒针刺伤可带来持续数周的疼痛

赤魟（hóng）是生活在温暖海域的大型魟，浅海至海底都可以看到它们的身影。它们一般会藏在沙中，捕食底栖生物。

它们的尾巴细长，呈鞭状，在尾巴根部靠近背部的地方长有被皮膜包裹的毒针，它们会像挥鞭那样挥舞尾巴，把毒针刺向敌人。

毒针的数量为1~3根，是由背鳍演化而成。毒针内有连通毒腺的管。毒针边缘有锯齿状、钩针一样倒钩的突起，因此一旦被刺中很难拔出来。

赤魟的毒素为不稳定的蛋白质类毒素，被刺中的话会带来剧痛，可持续数周，也曾有人被刺后因严重过敏反应而死亡。

遭遇时的应对方法

偶尔会被海水冲上沙滩，因此在海边游泳时可能会不小心踩到它们。如被刺伤，应就医。

有着长长毒刺的
危险海胆

危险

长达 30 厘米的
刺尖端有毒腺

分类 ▶ 海胆纲

食性 ▶ 杂食

特征 ▶ 有长长的毒刺

直径 ▶ 30~40 厘米

主要栖息地 ▶ 印度洋、太平洋海域

没有解药的恐怖海胆
毒的成分至今不明！

长刺海胆是有着长达 30 厘米尖刺的有毒海胆。在日本，它们生活在海岸岩礁和珊瑚礁的潮下带，夜晚出来觅食，以藻类和动物尸体为食。在它们背部的尖刺中心可以看到发着蓝光的肛门，周围有 5 个蓝色的点，蓝点旁边还有会发光的白点。较细的长刺尖端有毒腺，被刺中的话会感到剧痛，还会引起炎症。严重的情况会感到肌肉麻痹、呼吸困难，因此必须要注意。据研究，长刺海胆的毒素成分不明，至今没有研究出解药。

一旦被刺伤，应立刻拔掉尖刺，洗净伤口，然后到医院就医。要注意它们的尖刺非常容易断，因此拔掉时要小心，不要把断掉的刺留在皮肤中。

遭遇时的应对方法

长刺海胆多藏在岩石的背阴处，因此在海中游泳时可能会被刺伤。在礁石处请穿上长靴，多注意脚下。

偷走水母的毒作为自己的武器！

大西洋海神海蛞蝓

危险
把水母的毒藏在身体中攻击敌人和猎物！

分类 ▶ 腹足纲

食性 ▶ 肉食（僧帽水母、银币水母）

体长 ▶ 约3厘米

特征 ▶ 捕食水母的刺细胞毒素，积累毒素

主要栖息地 ▶ 热带、温带海域

066

虽然又小又美丽的样子惹人喜爱，但不小心触碰到的话会成为剧毒的牺牲品

大西洋海神海蛞蝓分布在温带至热带海域，以腹部向上的姿势漂浮在海面。它们的身体前部和左右两侧都有腹足，通过摆动腹足来移动，身体后部像尾巴一样伸展。

在大西洋海神海蛞蝓的猎物中，还有含有剧毒的僧帽水母（参见第48页）和银币水母。在捕食时，大西洋海神海蛞蝓会把猎物的毒素储存在体内，作为对抗敌人和捕捉猎物的武器。它们储存的毒素在捕食时会起到和水母毒素相同的效果，因此如果人类接触到会很危险。2017年，因全球变暖的影响，澳大利亚东北部的昆士兰州曾出现大量大西洋海神海蛞蝓，造成63名游泳者受伤。

遭遇时的应对方法

虽然它们看起来非常美丽，但一定不要去触碰。如果被刺伤，应立即就医。

藏在香蕉中的
恶毒蜘蛛

危险

带有神经毒素

分类 ▶ 蛛形纲

食性 ▶ 肉食（昆虫、蛙类、蜥蜴、老鼠等小动物）

体长 ▶ 5~8 厘米

特征 ▶ 伸开 13~15 厘米的粗壮步足，跳起可达 50 厘米

主要栖息地 ▶ 巴西、阿根廷、乌拉圭等中南美地区

虽有剧毒但较少致死

巴西游走蛛是栖息在中南美地区的大型毒蜘蛛。在巴西，时常发生巴西游走蛛侵入居民家中咬伤人类的事件。

而且，这种蜘蛛有藏在香蕉中的习性，因为常有吃香蕉的人被它们咬伤，因此它们也被称作"香蕉蜘蛛"。藏有巴西游走蛛的香蕉出口至其他国家的事件时有发生。

巴西游走蛛的攻击性很强，它们感觉到危险时，甚至可以跳起高达 50 厘米来对敌人展开反击。它们有很强大的神经毒素。据说一只蜘蛛的含毒量可毒死 800 只老鼠或 80 个成人。一旦被咬伤会感到全身剧痛，而且会有发热、血压上升、全身麻痹、呼吸困难等症状，最严重的情况下，可能会在 30 分钟内死亡。因为中南美地区常有人被它们咬伤，因此人们研发出了针对这种毒素的血清，现在已经很少出现因被巴西游走蛛咬伤而死亡的案例了。

遭遇时的应对方法

　　巴西游走蛛多在夜晚活动，甚至会闯入人家。一旦遇到，不要惊动它们，尽快离开。

能导致环境恶化的
毒海星

分类 ▶海星纲

食性 ▶杂食（珊瑚虫、动物尸体、石灰藻等）

直径 ▶20~60厘米

特征 ▶棘带有蛋白质类剧毒

主要栖息地 ▶西太平洋和印度洋等

过敏反应可致死

棘冠海星是一种大型海星，生活在温暖海域的珊瑚礁处。它们有时会吃光珊瑚虫而造成环境问题，因此人们会定期开展针对它们的驱除工作，在驱除过程中，常有人被刺伤。它们一般有 13~16 个腕，外端覆盖着 3 厘米左右的棘，被刺到的话，能导致伤口剧痛化脓。伤口较难治愈，有时会坏死。在人类被刺伤的案例中，发生过尖刺断裂在人体内无法取出的情况，还有人因过敏反应导致重症甚至死亡。

遭遇时的应对方法

棘冠海星白天会躲在珊瑚礁下方，因此要多注意。一旦被刺伤要立刻拔出毒针，挤出毒液并就医。

名字很恐怖，后背的毒棘更恐怖

分类 ▶ 辐鳍鱼纲	
食性 ▶ 肉食	**体长** ▶ 约 40 厘米
特征 ▶ 头部棘突和鳍棘基部带有毒腺	**主要栖息地** ▶ 西太平洋、印度洋等

刺毒鱼类中毒性最强的鱼之一，被刺伤可能会导致死亡

毒鲉是生活在珊瑚礁、海藻和沙中的近海底栖生物。它们的体色和圆圆的身体很像海中的岩石，因此当它们不动的时候，很难被发现。它们背鳍的骨骼非常硬，可以穿透鞋子的橡胶底，所以如果不小心踩到它们，会受伤。它们是刺毒鱼类中毒性最强的鱼之一，一旦被刺伤可能会导致死亡。

它们的背鳍上有 13 根棘，尾鳍有 3 根，两侧的腹鳍各有 1 根。每根棘都分布着带有强力神经毒素的毒腺，相当于体长 1/6 的棘被厚厚的皮包裹着。一旦被刺伤，人会感觉到强烈的疼痛，伤口会变得红肿。症状严重的情况会导致精神失常、痉挛、呕吐、淋巴发炎、呼吸困难等症状，最终致死。

遭遇时的应对方法

毒鲉大多会藏在泥沙中，因此在有它们栖息的海域浮潜时一定要小心。

捕食比自己还大的生物的巨大蜥蜴

危险

下颌中的毒腺可分泌令血液无法凝固的毒素

分类 ▶ 爬行纲	
食性 ▶ 肉食（鸟类、哺乳动物、哺乳动物尸体等）	**全长** ▶ 250~310 厘米
特征 ▶ 可分泌毒素	**主要栖息地** ▶ 印度尼西亚岛屿等

追踪猎物直至它们濒死

科莫多巨蜥是世界上现存最大的蜥蜴。它们幼年时期在树上生活，以昆虫和壁虎等小动物为食，成年后会在地面活动，以野猪、鹿、水牛、山羊等大型动物或它们的尸体为食。人类并非科莫多巨蜥喜欢的食物，但也出现过家畜和人类被它们攻击死亡的事件。

它们的下颌中有毒腺，锯齿状的牙齿可咬住猎物，并撕下猎物的肉。它们的牙齿可分泌一种溶血毒素，这种毒素会使血液无法凝固，使猎物不断流血，最终因失血过多死亡。科莫多巨蜥会一直追踪猎物，直到猎物濒死再吃掉它们。

遭遇时的应对方法

科莫多巨蜥很少袭击人类，但曾经也发生过致死事件，因此一定要远离它们。

有毒的
灵长类

危险

唾液和肘部分泌的毒素混合，会变成强有力的武器！

分类 ▶哺乳纲

食性 ▶杂食（树液、花蜜、水果、昆虫、小鸟等）

特征 ▶会用唾液和肘部分泌的液体制毒

体长 ▶约30厘米

主要栖息地 ▶东南亚

肘部内侧的腺体
会分泌带有强烈气味的液体

蜂猴生活在树上，它们为夜行性动物，动作非常缓慢。它们是带毒的猴类，多生活在热带雨林的常绿树林中。蜂猴的体毛可帮助它们避开树叶和树枝，不发出声音地慢慢移动，从而接近鸟和昆虫等猎物而不被发现。蜂猴上臂的皮脂腺可分泌毒素，它们通过舔这种毒素将唾液混合进去，制成带有刺激性气味的毒液。它们会把这种毒液涂抹到全身，来保护自己。蜂猴的胃可以消化这种毒液，因此它们自己舔是不会造成危险的。目前尚不清楚毒液的成分。蜂猴照顾幼崽时，会通过给幼崽梳毛来把毒液涂在幼崽身上。

蜂猴的毒液可保护它们不被寄生虫侵扰。而且，它们的天敌马来熊和猫科的肉食动物也讨厌这种毒液的气味。对于动作缓慢的蜂猴来说，这种味道是非常重要的武器。据说它们手臂下方的毒腺分泌的带有气味的液体，还可以用于和其他蜂猴交流。

遭遇时的
应对方法

触碰到它们涂在身上的毒液虽然不会致死，但也尽量不要碰它们，可在远处观察。

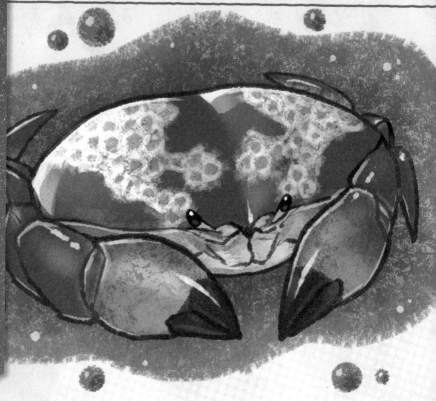

吃了会很危险！→ 花样爱洁蟹

捕获的地点不同，体内的毒素也不同

　　花样爱洁蟹主要生活在水深约 100 米的岩礁和珊瑚礁中，是一种小型蟹。它们主要在夜间活动，有时也会因潮汐而在白天被冲到岸上。它们的螯没有毛和凸起，呈光滑的椭圆形，虽然看起来很可爱，但它们的体内带毒。

　　带毒的蟹有很多种，但这种蟹捕获的地点

分类	▶软甲纲		

食性	▶杂食（海藻、贝类、沙蚕等）	体长	▶约3厘米
特征	▶栖息地不同所带毒素也不同	主要栖息地	▶太平洋、红海、非洲东海岸等

体内有
各种毒素

不同，体内的毒素种类和含量也有所不同。因此，研究者认为蟹的毒与食物相关，毒素可以转移、浓缩和累积。

遭遇时的应对方法

　　如果在海滩游玩时看到这种蟹，要小心它们的螯。并且一定不要食用它们。

虽然很好吃
但很危险的
毒鱼

危险

内脏含有毒素，没经验的人烹饪的话会很危险

分类 ▶ 辐鳍鱼纲			
食性 ▶ 肉食（虾、蟹、贝等）		**体长** ▶ 35~45 厘米	
特征 ▶ 肝脏、卵巢和肠含有神经毒素		**主要栖息地** ▶ 太平洋西部	

虽然很好吃但很危险的毒鱼，严重情况下中毒者会因呼吸困难而死亡

在日本，自古有吃带毒的河鲀的习惯，发生的事件也不少。每年大概有 30 起河鲀毒素中毒事件，其中死亡的案例也时有出现。红鳍东方鲀是河鲀中比较高级的一种，经营类烹饪需要有资格证。可食用的河鲀种类和可食用部位在法律上都有明确的规定。

红鳍东方鲀含有与其他河鲀相同的神经毒素——河鲀毒素。尤其是肝脏、卵巢和肠含有毒素。野生的红鳍东方鲀会在栖息地吃掉能制成毒素的细菌，或是带有细菌的小动物，以在体内累积毒素。而养殖的红鳍东方鲀基本是无毒的。

人类如果摄入河鲀毒素，会在 20 分钟到 3 小时间出现麻痹症状，麻痹会从口唇、手脚扩散到全身，严重情况会因呼吸困难致死。

遭遇时的
应对方法

河鲀力量很大，一旦触碰它们，被咬住的话会很危险。若有人中毒，需要立刻送往医院。

吃了会很危险！ 云斑裸颊虾虎鱼

全身都是毒素，可用于驱逐野鼠

　　云斑裸颊虾虎鱼生活在红树林水流缓慢处和海岸的浅滩地区。在退潮时会在海水洼处看到它们的身影。它们体内含有与河鲀相同的河鲀毒素，因此不可食用。它们体内有毒的部分并不是集中在一处，而是散布在体内，尤其是肉、精巢和皮，含有更多毒素。

　　目前没有针对河鲀毒素的血清和治疗方法，一旦中毒，可能会因呼吸困难而死亡。云斑裸

分类 ▶ 辐鳍鱼纲	
食性 ▶ 肉食	**体长** ▶ 约15厘米
特征 ▶ 体内各处均含河鲀毒素	**主要栖息地** ▶ 中国、东南亚、西太平洋、南太平洋等

全身都有
河鲀毒素

遭遇时的应对方法

颊蝦虎鱼的毒素在冬天会变强，因此冬天中毒事件会更多。也经常发生因混淆云斑裸颊蝦虎鱼和其他种类蝦虎鱼导致误食中毒的事件。

云斑裸颊蝦虎鱼多生活在浅海地区和退潮后的海水洼，因此人类可经常看到它们。要注意不要误食。

虽然可食用
但唾液腺带毒

危险

若食用带毒的唾液腺，会导致中毒

分类 ▶ 腹足纲

食性 ▶ 肉食

特征 ▶ 唾液腺带毒

壳高 ▶ 约20厘米

主要栖息地 ▶ 日本北海道周边、朝鲜半岛、黄海北部等

中毒症状与醉酒症状相似

凸环峨螺是日本自古以来便捕捞的一种海螺。它不仅可做刺身，也可烤、煮，或是做成天妇罗食用。烤螺是北海道的一种传统做法，近年成了高级料理。凸环峨螺中有被称为"油"的黄色猪油状唾液腺，其中含有一种四胺类的毒素。如果食用了这种唾液腺，会导致中毒，20分钟至2小时会出现头晕、恶心、头痛、视觉异常等类似醉酒的症状，几小时后会恢复正常。虽然不会导致死亡，但食用凸环峨螺时一定要注意去掉唾液腺。除唾液腺外的部分是可以安全食用的。

遭遇时的应对方法

因为它们可以食用，因此我们会经常看到它。食用时务必查询确认烹饪方法，去掉带毒的唾液腺。

吃了会很危险！▶ 突额鹦嘴鱼

体内有多种剧毒，
体色美丽的大型鱼

突额鹦嘴鱼体色为鲜艳的蓝绿色，生活在温暖海域的岩礁和珊瑚礁处，是一种大型鱼。它们很美丽，但有着可怕的神经毒素——水螅毒素，且肝脏和肉含有强毒雪卡毒素，若食用会导致中毒。主要症状有肌肉疼痛、呼吸困难、痉挛等，有时也会导致死亡。

研究表明，食用带有强毒的单细胞毒藻的突额鹦嘴鱼体内会含有雪卡毒素，而捕食纽扣珊瑚的突额鹦嘴鱼体内则有水螅毒素。此外，也发现有的突额鹦嘴鱼内脏含有河鲀毒素。

分类	▶ 辐鳍鱼纲		
食性	▶ 杂食（藻类、甲壳类、贝类等）	体长	▶ 约 80 厘米
特征	▶ 夜晚会分泌黏液形成薄膜，在里面睡觉	主要栖息地	▶ 西太平洋等

食物不同
所含毒素也不同

但突额鹦嘴鱼不是任何时候都带毒，因此非常令人困扰。它们可食用，但处理起来需要非常注意，因为它们所食毒素经过烹饪都无法减少其危险性。

遭遇时的
应对方法

肉眼无法判断它是否有毒，因此不去食用它们是最安全的做法。

吃了会很危险！ — 玳瑁

肉含毒，会导致中毒，严重情况会因呼吸困难致死

玳瑁生活在热带、亚热带海域中，栖息在海水较浅的地方。虽然它们只有强力的双颌比较危险，但出现过食用它们的人类中毒死亡的事件。它们带毒的原因尚不清楚，可能是食用了有毒的猎物导致。玳瑁原本是无毒的物种，

危险

体内有毒，食用可致人死亡

分类 ▶	爬行纲
食性 ▶	肉食（鱼、甲壳类、软体动物等）
甲壳长 ▶	65~112 厘米
特征 ▶	有着美丽的甲壳
主要栖息地 ▶	太平洋和印度洋等

不知为何
带毒的海龟

但似乎在特定的栖息地和时间，体内会积累毒素。关于有毒的龟类，人类有很多不清楚的地方，其中玳瑁是谜团最多的一种。

遭遇时的应对方法

不食用它们的话，基本是安全的。但海龟也是野生动物的一种，曾发生过咬断人类手指的事件，因此尽量不要触碰它们。

还需要注意的有毒生物

这是另外一些有毒生物。有的会关乎生命！

🔍 红火蚁

虽然被称为最危险的蚂蚁，被刺伤会出现痛和痒等症状，但几乎不会致死。不过体质敏感的人会有死亡危险。

🔍 赤背蜘蛛

特征是后背有红色花纹。被咬会导致疼痛多汗，但不会引起重症。

🔍 日本蝮

有着三角形的头部和茶褐色的斑纹。毒性和攻击性都很强，每年有很多起人类被咬伤的事件。在山中和河滩要多注意脚下。

🔍 蜱

一般在草丛或森林中生活。有寄生在人类和猫狗身体吸血的特性，被咬伤会导致发热伴血小板减少综合征，非常危险。

🔍 少棘蜈蚣

很大，长约 8~15 厘米。被咬伤会感到剧烈疼痛，甚至无法行走。一旦被咬伤，要尽快就医。

第三章

生命力超强的生物

世界上有很多生命力强大到令人惊讶的生物。

再生能力、繁殖能力、生存寿命等,"生命力"的表现也是多种多样的。

惊人的生命力也许会令人思考"活着是怎样一回事呢"?

越切
越多的生命体

<table>
<tr><td>分类</td><td>▶ 涡虫纲</td><td></td><td></td></tr>
<tr><td>食性</td><td>▶ 肉食（水中的小虫等）</td><td>体长</td><td>▶ 0.5~2 厘米</td></tr>
<tr><td>特征</td><td>▶ 切断会增殖</td><td>主要栖息地</td><td>▶ 世界各地的沼泽、河流、河口</td></tr>
</table>

厉害

就算切成小段，也能把身体恢复成原有的状态惊人的再生能力！
研究者也服气

　　把它们从中间切成两半的话，只会让它们变成两个——如果真涡虫是人类的敌人的话，这种特殊能力一定会令人哭出来吧。如果是在动画片里，一般同时破坏两个分身就能把敌人打败，但这招对真涡虫没用，它们还能变得更多。美国遗传学家托马斯·亨特·摩尔根曾把真涡虫切成 279 片，但令人惊讶的是，每片都实现了再生。更令人震惊的是，新生的头都有记忆。真涡虫的存在，可能会颠覆"记忆只存在于头部"的常识。真是一种充满无限可能性的生物。

　　如果把真涡虫带到宇宙，会发生什么呢？

遭遇时的
应对方法

　　观察一下它们的再生能力吧。不过，虽然它们在被切断这一方面是不死之身，但如果让它们离开水，它们就会死去。

能应对任何严苛环境的秘密是……
高温、高压、真空、放射线

　　无论是经历 149℃ 的高温、−272℃ 的低温，还是 7.5 万伏的高压，抑或是真空和干燥，甚至是可达人类致死量 1000 倍以上的放射线，熊虫都能生存下来。可以说它们是有"不死之身"的生物了。在为了适应环境而进化的多种生物中，熊虫究竟是怎样进化出这种超能力的呢？

　　一旦感觉到环境变得干燥，熊虫会把身体变形成桶状，把占体重 85% 的水分压缩到 0.05%。这种状态下，它们会进入无呼吸、无代谢（代谢率 0.01% 以下）的假死状态。这种状态被称为"隐生"。在进入这一状态时，熊虫

厉害

用"超认真装死"
抵御各种严苛
环境

分类 ▶ 真缓步纲		
食性 ▶ 杂食（动物和植物的体液）		
	体长 ▶ 0.1~1 毫米	
特征 ▶ 可称为不死之身的生命力	**主要栖息地** ▶ 只要是有水的地方 就可以生存	

可抵御各种苦难的
"不死" 生物

几乎是无敌的，可以抵御前文提到的各种严苛环境。

很少有人注意到，当它们进入隐生状态时是无法抵御物理攻击的，用手指便可将它们碾碎。

遭遇时的
应对方法

有人曾做过把熊虫在微波炉中加热 3 分钟的实验，但熊虫并没有死。它们是无害的，因此遇到的时候就无视它们吧。

雌鱼吸收雄鱼
实现一体化

厉害
"提灯"前端的发光成分是体内生成的

分类 ▶ 辐鳍鱼纲

食性 ▶ 肉食

体长 ▶ 雌性约 50 厘米，雄性约 4 厘米

特征 ▶ 用发光器官吸引猎物

主要栖息地 ▶ 世界各地的深海

为了留下后代，选择孤注一掷的方法

在很少可以遇到同类的深海中，为了能留下后代，鮟鱇（ān kāng）会选择一种孤注一掷的方法。雄鱼一旦发现雌鱼，会咬住雌鱼的腹部或背部。无论雌鱼游得多块，都无法甩掉雄鱼。令人惊讶的是，在雄鱼咬住雌鱼之后，雄鱼会慢慢被雌鱼吸收，实现"一体化"。吸收的过程很难用肉眼观测，雄鱼身体不必要的部分会渐渐退化失去机能，但只有精巢会变大，随时准备好与雌鱼交配。

成为雌鱼身体一部分的雄鱼，会依靠雌鱼用"提灯"吸引来的食物生存。不过，为了留下后代可做出任何牺牲的这一点，可以说是生物的珍贵之处吧。鮟鱇真是一种令人唏嘘的生物。

遭遇时的应对方法

找一找是否有正在和雌鱼成为一体的雄鱼吧。

有些杀虫剂
也无法杀死的
活化石

厉害

毛状感觉器能感知到人类的气息，从而敏捷地逃跑

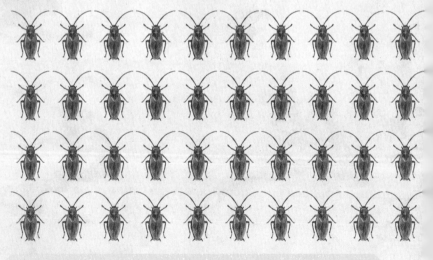

分类 ▶ 昆虫纲	
食性 ▶ 杂食	**体长** ▶ 1~1.5 厘米
特征 ▶ 强大的生命力和繁殖能力	**主要栖息地** ▶ 全球低海拔湿润地区

一只雌性一生可产 500 个卵，几乎全年都在繁殖期

无论怎样努力，人们都无法彻底驱逐德国小蠊。它们具有超强的生命力，最有力的证明，就是它们已经在地球生活了 2 亿年。

德国小蠊的历史可以持续这么久，是因为它们的繁殖能力非常强。成虫羽化后不久就可进行交配，大约 10 天便会第一次产卵，每次可产卵 20~50 个。这种产卵行为每 10~20 天便会进行一次。一只雌性一生中会产卵约 500 个，几乎全年都在繁殖期。它们收纳卵的"卵鞘"像胶囊一样，覆盖着很结实的壳，杀虫剂也无法起效。而且，近年开始有很多德国小蠊进化出了抗药性。此外，如果它们察觉到自己即将死亡，也会在生命的最后阶段把卵产下。这种"不论发生什么都要留下后代"的执念真是可怕。

遭遇时的应对方法

杀虫剂无效时，可用带冷冻功能的喷雾或洗洁精喷它们，以达到堵塞呼吸器官，令它们窒息死亡的效果。

大王具足虫

虽然个头很大但食量很小，甚至有的可以 5 年以上不吃东西

　　大王具足虫得名"大王"是名副其实的。最大的个体可以达到 50 厘米。它们与鼠妇是同类，但也有很多人喜欢它们，因为它们"看起来非常治愈"。

　　大王具足虫栖息在 200~1000 米的深海。深海的生物大多喜欢静止不动，但如果海底有鲸、鱿鱼等尸体落下时，大王具足虫会行动起来，将它们吃掉。大王具足虫因这种进食的行动方式而得名"深海清洁工"。实际上，它们的这种做法的确会起到净化海洋的效果。

厉害

受到攻击时会像鼠妇一样把身体团起来

分类 ▶ 软甲纲

食性 ▶ 肉食

体长 ▶ 30~50 厘米

特征 ▶ 吃掉沉入海底的海洋生物尸体

主要栖息地 ▶ 墨西哥湾、西大西洋周边的深海

在深海吞食尸骸的
清洁工

　　它们的个头很大，但食量却很小。在日本三重县鸟羽水族馆，一只大王具足虫竟然 5 年都没有进食，不可思议的是它在死亡时体重几乎没有减轻，令人不禁感慨深海的神秘和不可思议。

遭遇时的应对方法

　　它们对人类无害，令人很想一直观察它们。但它们的弱点是阳光。如果需要击退它们，就用阳光来照射吧。

北极蛤

活了 507 年之久的
超长寿贝类

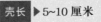

厉害

贝壳上的纹路每年会增加 1 条

分类 ▶ 双壳纲			
食性 ▶ 肉食（浮游生物）		**壳长** ▶ 5~10 厘米	
特征 ▶ 非常长寿		**主要栖息地** ▶ 北大西洋沿岸	

102

虽然是世纪大发现，但研究团队遭到舆论批评

曾经有人发现了一个已经 507 岁的北极蛤。它在 1499 年诞生，被认为是"世界最长寿的动物"。

它被混在了科学家为研究过去 1000 年的气候变化而采集的贝壳中。此前，人们发现的最长寿的北极蛤是 220 岁，因此，这次的发现大大地更新了北极蛤寿命的记录。虽然是一个很令人欣喜地发现，但人们的反应却出乎科学家的意料。研究团队遭到了很多人的批评，因为他们认为是研究团队为了确认这一北极蛤的年龄，撬开了它的壳杀掉了它。英国广播公司（BBC）就曾报道过这一事件。

但其实这是一个误会。它在被捕捉后就立刻被冷冻储存了，在冷冻时，就已经死了。

遭遇时的应对方法

　　如果不讨厌贝类的话，就好好享用吧。在欧美，北极蛤经常被用于烹饪蛤蜊浓汤。

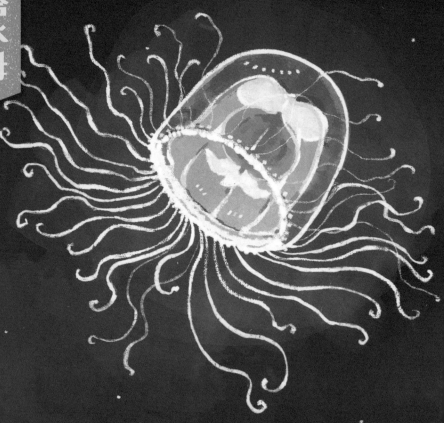

拥有返老还童能力的

奇迹水母

厉害

用 80~90 根触手捕获猎物并吸收

分类 ▶ 水螅虫纲

食性 ▶ 肉食（主要以浮游生物为食）

伞径 ▶ 不足 1 厘米

特征 ▶ 如果不被捕食会永远生存下去

主要栖息地 ▶ 热带海域

在一定程度上实现『长生不老』的多细胞生物

科学家形容灯塔水母"仿佛是停在花朵上的蝴蝶又变回了青虫"。没错，灯塔水母可以"返老还童"。

就好像人类是从婴儿成长为大人一样，普通的水母通常也是从幼虫状态成长为成虫，在生殖之后死亡。然而，灯塔水母在性成熟后，会再次回到幼虫状态，如果不是因为被捕食，或是因缺水死亡的话，则会无数次返老还童。也就是说，在一定条件下，灯塔水母可以做到长生不老。

在超过 140 万种多细胞生物中，只有灯塔水母拥有这种能力。据推测，可能会有灯塔水母已经生存了超过 5 亿年。

遭遇时的应对方法

在日本近海经常可以见到它们，它们很小，因此很难被肉眼观测到。虽然是水母类，但它们没有毒，不用担心。

其他长寿的生物

除了在本章中介绍过的北极蛤和灯塔水母外，
也有一些非常长寿的生物。

🔍 海胆

美味的海胆却意外地非常长寿。栖息在日本的海胆
寿命约 15 岁，但栖息在美国的一些种类的海胆，
寿命可以达到 200 岁。

🔍 管虫

也被称为管蠕虫，是我们不太常接触到的一种生物，
但据说它们的寿命超过 200 年。它们靠体内微生物
制造出的营养物质生存。

🔍 象龟

象龟的平均寿命超过 100 岁，是脊椎动物中最长寿
的一种。它们体内可以储存水分，就算不吃不喝也
能活 1 年左右。

🔍 喙头蜥

大约可以活 100 年左右，但这种生物的历史可以追
溯到 2 亿年前。比起一般的爬行动物，它们可以承
受更低的温度，这种超强的耐受能力也许就是它们
长寿的秘诀。

🔍 鲤鱼

鲤鱼一般可以活 70 年左右，养殖环境下曾创造过
活 226 年的记录。它们的生命力非常强，而且很少
有天敌，也许这就是长寿的原因。

第四章

从各种角度来说都很奇妙的生物

以人类的价值观来看，成功实现了"奇妙的进化"的生物。
它们多样的生存能力，似乎在讲述不可思议的进化故事。

接下来介绍
成功实现特殊进化的
不可思议的生物

会取代寄生宿主的
大脑

惊人

取代寄生宿主的大脑，随心所欲地操纵宿主

分类 ▶吸虫纲		
食性 ▶肉食	体长 ▶1~2 厘米	
特征 ▶寄生在蜗牛体内并操纵蜗牛	主要栖息地 ▶欧洲、美洲等	

以恶魔般的策略巧妙地扩大栖息范围

对于只有寄生在鸟类体内才能成为成虫的双盘吸虫来说，最大的问题就是"怎样才能寄生到鸟类体内"。为了解决这一问题，它们从幼虫时期就开始努力了。

双盘吸虫会进入蜗牛体内，移动到宿主蜗牛的头部，控制蜗牛的大脑。成功寄生的双盘吸虫会在白天操纵宿主蜗牛来到又高又显眼的地方，使宿主蜗牛的触角变得肥大，并可在 1 分钟内动 40 次。这种带有条纹且一直在动的触角，会被鸟误以为是它们最喜欢的毛毛虫。

被骗的鸟会把蜗牛吃到肚子里，于是双盘吸虫就成功进入鸟的体内了。它们会在鸟的肠道中成长，并产下数百枚卵。这些卵再被鸟类通过粪便排出，而不小心吃了这些粪便的蜗牛又会被寄生……通过这样的循环，双盘吸虫这种既可怕又聪明的生物得以实现繁衍。

遭遇时的应对方法

被寄生的蜗牛触角的动作非常不自然，可以观察一下，或是干脆无视它。但食用这种被寄生的蜗牛是非常危险的。

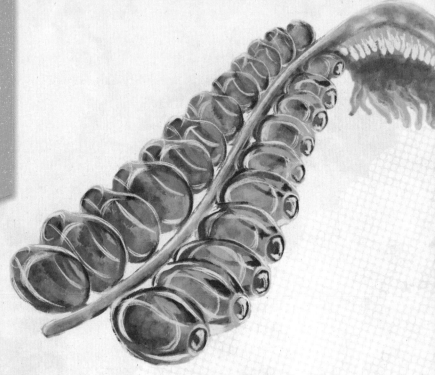

不定帕腊水母

根据在集群内的位置分担捕食、游泳、生殖等职责

　　不定帕腊水母的外形呈长长的线状。但它并不是一个独立的生物，而是由数百万个个体连在一起组成的一个像独立生物一样活动的集群。美国蒙特雷湾水族馆附属研究所研究的不定帕腊水母全长40米，比蓝鲸还要长。

　　组成集群的个体根据自己的位置不同，会分担"捕食""游泳""生殖"等不同的职责。处于前方的个体会把身体变形成方便移动的伞状，负责捕食的个体会伸出长长的触手来捕捉猎物。它们就这样组合成了一个有着完整功能的集群，很像一个单独的生物。不定帕腊水母之所以这样行动，是因为身体面积越大，可捕食到食物的概率就越大，在食物很少的深海，

惊人

就算被鱼轻轻碰到也会散开

分类	▶水螅虫纲
食性	▶肉食（小鱼、甲壳类等）
特征	▶很长

全长	▶超过 40 米
主要栖息地	▶除北冰洋与地中海外，世界各地的深海

伪装成
巨型生物的
水母群

它们采取这样的措施也是不得已的手段。连接每个个体的触手非常脆弱，轻轻一碰就会使它们分开。

遭遇时的应对方法

不定帕腊水母对人类无害，但它们的同类僧帽水母（参见第 48 页）有剧毒，需要注意。

夫妻在<u>鱼的口中</u>共同生活

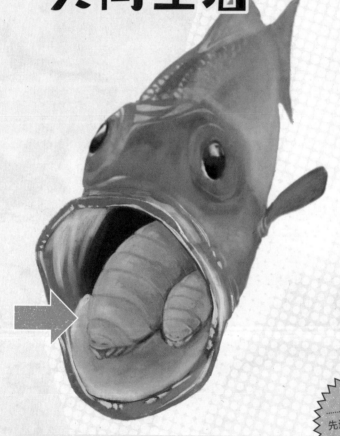

分类 ▶	软甲纲
食性 ▶	肉食（主要为鱼类的体液）
特征 ▶	住在<u>鱼类的口中</u>

体长 ▶	雌性：3~5 厘米、雄性：1~2 厘米
主要栖息地 ▶	全世界海域，部分可在淡水生存

贴在一起交配繁衍后代

　　缩头鱼虱是一种寄生虫，吸食宿主口中的血为生。它们通过钩状的前端足来抓住正在游泳的鱼类，然后进入口腔开始吸取血液，并最终取代鱼舌。缩头鱼虱一般都会被成对发现，较大的、附在下方的为雌性，较小的、附在上方的为雄性。

　　缩头鱼虱最初是没有性别的，有趣的是，先进入鱼类口中的会成为雌性。也就是说，如果缩头鱼虱在进入鱼类口中时发现已经有了一只缩头鱼虱，那么它会改变自己的性别，成为雄性。然后它们贴在一起来实现交配，繁衍后代。

遭遇时的应对方法

　　缩头鱼虱不会寄生在人类身上，因此不用惊慌。而且，它们经烹饪可以食用，味道有些像螃蟹或是虾。

含有强于某些蛇毒数倍的剧毒，可导致人类猝死

　　有着明显异常颜色的带毒生物，无论毒性多强，从一眼就能看出来这点来说都是很"友好"的生物了。而夜海葵在这一点上，则是带着十足的恶意了。它们含有强于某些蛇毒数倍的剧毒，但外表却和岩石几乎没有什么差别。就算靠近观察，也很难看出来它们有毒。但是，如果不小心碰到它们，则会被它们含有剧毒的触手刺伤，所以它们在日本被称为"海蜂"。它们正好位于海中人们容易接触到的岩石侧面和珊瑚礁根部，因此在有它们栖息的海域，需要

惊人

看起来像岩石一样，不小心踩到会非常危险

分类 ▶ 珊瑚虫纲	
食性 ▶ 肉食（鱼等）	体长 ▶ 5~15 厘米
特征 ▶ 含有的剧毒在生物界中数一数二	主要栖息地 ▶ 西太平洋等

一不小心就取人性命的
海中恶魔

多加注意。

2019 年日本奄美群岛曾出现了大量夜海葵，一名捕鱼的男性被刺伤。据这名男性形容，"被刺伤后会出现像触电般的刺痛，然后像火烧般的疼痛一直持续，还因剧痛失去了意识"。

遭遇时的应对方法

总之绝对不要触碰它们。不要踩生有海藻的岩石，在它们栖息的海域尽量不要露出皮肤。

致命混合液的
释放者

按蚊

分类 ▶ 昆虫纲

食性 ▶ 树液、果汁、花蜜、人类的血等

特征 ▶ 传染疟疾

体长 ▶ 5~6 毫米

主要栖息地 ▶ 世界各地

惊人

只有雌性会吸人血，传染疟疾

每年令约 1 亿人感染疟疾，夺走超 200 万个生命

"喜欢放松自己的手臂，看蚊子吸自己的血。"偶尔会有这样的怪人出现，不过如果吸血的蚊子是按蚊，那么就会非常危险了。蚊子会巧妙地吸人类的血。它们一面用刺入皮肤的"针"吸血，一面向血管中注入有着抗凝血的混合液。通过这种方式，可以令血液不易凝固，并推迟红肿和痒，令人类不会在第一时间发现，以便吸更多的血。

按蚊的做法则更加过分。除了前文提到的毒素外，它们还会向人体注入一种叫疟原虫的单细胞生物。对人类来说，红肿和痒不会有太大的影响，但如果得了疟疾，就是另外一回事了。

疟疾是一种传染病，主要症状是发热、发冷、出汗等，如果治疗不及时，则会因意识障碍和脏器功能衰竭而导致死亡。按蚊每年令约 1 亿人感染疟疾，其中超 200 万人会失去生命。可以说按蚊是杀人最多的生物。

遭遇时的应对方法

请随身携带驱虫剂和杀虫剂吧。

117

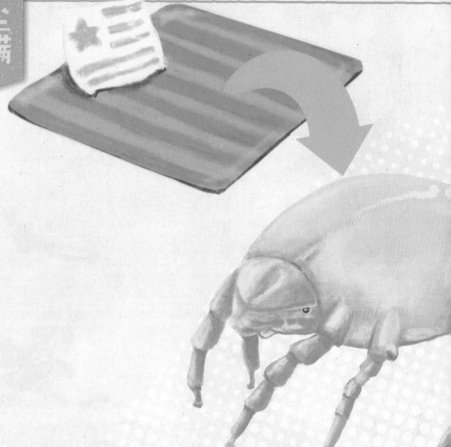

隐藏在家中的
致敏原

分类 ▶ 蛛形纲

食性 ▶ 杂食（灰尘，人类的头皮屑、死皮等）

体长 ▶ 0.2~0.4 毫米

特征 ▶ 引起过敏

主要栖息地 ▶ 世界各地

它们的粪便、尸体和蜕下的壳
能引起哮喘和过敏性皮炎

　　在这本列举了各种珍稀生物的书中，尘螨这种生物离我们的生活可以说非常近了。但见到它并不是一件令人高兴的事情。它是螨虫的一种，因此是害虫。它的粪便、尸体和蜕下的壳会变得干燥并碎成很细的粉尘，在室内飞散，可导致哮喘、皮炎、鼻炎等过敏症状。尤其是它们的粪便，含有超过尸体 1.8 倍的致敏原。

　　它们主要生活在家中的被褥里，喜欢高温湿润且积攒了灰尘的地方。据调查，1 克灰尘中夏季会含有 3000~3500 只尘螨，冬季会含有 1000~1500 只。它们的繁殖速度也非常快，2 个月可增殖 1500 倍。现代建筑密闭性强，冬天也非常暖和，因此对尘螨来说，一年四季都非常适宜生存。如果不想因这种生物烦恼，就勤加打扫吧。

遭遇时的应对方法

　　为了减少它们繁殖，尽量勤打扫、多通风。被子晾干后，尽量用吸尘器再吸 1 分钟左右比较好。

被称为『死亡蜗牛』，禁止入境的超危险生物

　　非洲大蜗牛是在世界中排名前列的有害生物，是严禁入境的超危险生物。

　　这种生物的可怕之处，在于它们体内寄生着广州管圆线虫等寄生虫，就算仅是碰到它们的身体，也有可能会被感染。一旦被感染，则会引起脑膜炎，严重者可致死。食用非洲大蜗牛爬过的蔬菜，或是触碰了它们留下的黏液也可能会被感染，因此非常可怕。

惊人

2 年内可产卵
1 万多粒

分类 ▶ 腹足纲

食性 ▶ 杂食

壳高 ▶ 7~8 厘米

特征 ▶ 超强的杂食性和繁殖能力

主要栖息地 ▶ 热带至温带地区

破坏生态且传播
致死疾病

遭遇时的
应对方法

　　非洲大蜗牛有着惊人的繁殖能力，而且它们几乎什么都吃，除了动植物，甚至连沙子和混凝土都可作为它们的食物，因此会破坏栖息地的生态系统。

　　想要彻底消灭它们比较难，但如果放着不管，则会导致一系列问题，因此遇到它们时可以捕捉消灭，或是喷洒农药，尽量减少它们的数量。

垂下由黏液做成的珠串
捕食蜉蝣等飞虫

据说发光蕈（xùn）蚊幼虫是《天空之城》中飞行石的原型，它们仿佛幻想中的生物一般，发着蓝白色的光。它们在日文中被称为"土萤火虫"，但实际上它们是发光蕈蚊的幼虫。不过，它们可以像萤火虫一样发光。它们在洞窟顶部垂下用黏液做成的约 20~30 厘米的珠串，用蓝白色的光吸引蜉蝣等飞虫，并利用黏液珠串粘住它们以捕食。每只发光蕈蚊幼虫可以垂下约 10~30 根珠串。据说幼虫的发光能力还有令自己免于被敌人捕食的作用，因为一般发光

分类 ▶ 昆虫纲	
食性 ▶ 肉食	**体长** ▶ 幼虫 2~4 厘米、成虫 0.9~1.6 厘米
特征 ▶ 在洞中发着蓝白色的光	**主要栖息地** ▶ 澳大利亚东海岸、新西兰

用神秘的光
魅惑敌人的
洞窟艺术家

的东西是不能吃的。它们发出的美丽的光可以作为旅游资源。澳大利亚春之泉国家公园和新西兰的怀托摩溶洞都是很著名的观察景点。

　　幼虫期为半年到 1 年。成虫没有嘴和消化器官，完成交配和产卵后就会死亡。雌性成为成虫后也会发光，据说它们的交配时间可达 7 小时。

遭遇时的应对方法

　　发光蕈蚊幼虫对人类无害。让我们忘了它们捕食时所用的珠串有多么残忍，只是专心欣赏它们发光的样子吧。

123

负子蟾

用背部育儿

惊人
宝宝从卵成为蛙的过程，都在它们背后的育儿洞中完成

分类 ▶ 两栖纲

食性 ▶ 肉食（水生昆虫、鱼等）　**体长** ▶ 10~20厘米

特征 ▶ 用后背的洞育儿　**主要栖息地** ▶ 亚马孙河、奥里诺科河流域

用十分惊险的交配方式，把卵埋入雌性蟾蜍背后

负子蟾的交配方式像职业摔跤表演赛一样惊险。为了繁衍后代，繁殖期的雌性背部紧贴雄性腹部在水中上下翻滚。雌性蟾蜍会在雄性蟾蜍腹部产卵，雄性蟾蜍把受精卵埋入雌性蟾蜍像海绵一样柔软蓬松的背部。就这样，雌性蟾蜍背后大约会被埋入多达 50 粒卵。埋入卵的地方会变成小洞，并长出盖子，卵就在其中发育孵化。

在雌性蟾蜍背后的"育儿室"中，蟾蜍宝宝会一直成长，直到长出手脚。虽然有人认为这种做法有些过度保护了，但从安全角度来说，雌性蟾蜍的背后是最适合宝宝成长的地方了。

负子蟾宝宝长大后，会一只一只地从雌性蟾蜍的背后跳出来。这种场景看上去可能会有点儿恶心，但如果了解了这种负子蟾的母爱，就会明白这是非常令人感动的。

遭遇时的应对方法

负子蟾非常稀有，因此好好观察吧。我们常说"孩子看着父母的背影长大"，负子蟾在后背养育孩子的场景堪称壮观。

能引发传染病并吸血

分类 ▶ 昆虫纲

食性 ▶ 肉食（人类和动物的血）　　体长 ▶ 1~3 厘米

特征 ▶ 吸血、传播感染性疾病　　主要栖息地 ▶ 世界各地

用令研究者忍不住赞叹的精巧装置来品尝血液

这种广锥猎蝽的特征就是吸血。它们的口和足非常精巧，令研究者都忍不住赞叹。当吸人类的血时，它们会向血管中注入一种成分。这种成分不仅可以使血液不易凝结，还有使血管松弛的效果。依靠这种方式，人类的血管会被扩张，且血液不断流出，对广锥猎蝽来说是最好的效果了，它们可以吸收使身体膨胀 5~6 倍的血。人们于 1960 年发现了这种成分的存在，但真正研究明白它的功效，是 2000 年左右的事情了。

广锥猎蝽的同伴还会传播传染病。这种传染病来自一种叫克氏锥虫的寄生虫，这种寄生虫的粪便进入人类或动物的体内，就会引发感染。它不仅可以引起伤口周围红肿，严重情况下还会引起急性心肌炎和脑膜炎等严重疾病。

遭遇时的应对方法

　　因为它们是传染病的媒介，所以应该消灭它们。它们平时生活在老鼠的巢穴，所以也应该采取灭鼠的措施。

沙漠蝗虫

定期发生的蝗灾会导致严重食物不足，引起饥荒

蝗虫大量飞来，把所见的食物全部吃光。有史以来，非洲和亚洲的干燥地区会定期出现这种现象，带来严重的蝗灾。引起这种蝗灾的罪魁祸首，就是沙漠蝗虫。它们平时单独活动，并不凶暴（散居型），但如果若虫时期聚集，或是食物不足，它们就会"觉醒"，变化成翅较长、体型灵巧，适合远距离移动的样子（群居型）。为了寻找食物，它们会集群移动，迎风一天可移动超100千米。而且，它们能飞到海拔2千米的地方。数百万只甚至数百亿只蝗虫组成的队伍飞过后，植物会被吃得什么都不剩，只留下一片荒地。这会导致粮食不足和饥荒。

由危害不大的散居型变化成凶暴的群居型

分类	▶昆虫纲		
食性	▶散居型草食、群居型杂食	体长	▶4~6 厘米
特征	▶集群移动，吃光所见的食物	主要栖息地	▶西非至印度北部

大群侵入
吃光一切

　　这并不是很遥远的事情。如今，有约 60 个国家，依然在被蝗灾所困扰。

遭遇时的应对方法

　　在它们集群前，用杀虫剂消灭它们吧。不过，杀虫剂对虫卵的作用很小。一旦它们集群，人们能做的就非常有限了。

129

为女王大人
奉献一生

分类 ▶ 哺乳纲

食性 ▶ 草食（根茎蔬菜和植物根部）

特征 ▶ 高度的社会性

体长 ▶ 8~13 厘米

主要栖息地 ▶ 非洲大陆撒哈拉沙漠以南

惊人

挖出的地道最长可达 3 千米

像蜜蜂和蚂蚁一样，有着分工制度的社会性

裸鼹鼠喜欢集体生活，它们会在干燥的土地下方挖掘出网状的地道。它们有着适合在地下生活的圆圆的身体和短短的手脚，视力较弱，但嗅觉和听觉非常灵敏。

一个集群大概由 300 只裸鼹鼠组成。它们和蜜蜂、蚂蚁一样有严格分工，最尊贵的是女王，其他是劳动者。在集群中，只有女王和 2~3 只雄裸鼹鼠负责繁殖，其他裸鼹鼠则有不同的工作。

较小的裸鼹鼠是负责挖洞、寻找食物和育儿的"工人"，较大的裸鼹鼠则是负责击退蛇等天敌，保护集体的"战士"。女王会把自己的尿洒在其他雌裸鼹鼠身上，它的尿中含有特殊的成分，可以确保只有自己才能繁衍后代。

鼠类的寿命一般只有 4 年，但裸鼹鼠有着抗癌和抗老化的能力，大约可以活 30 年。

遭遇时的应对方法

它们的外表看起来很特别。如果遇到"工人"裸鼹鼠，就和它们说一句"你辛苦了"吧。

融入树叶中的
拟态名人

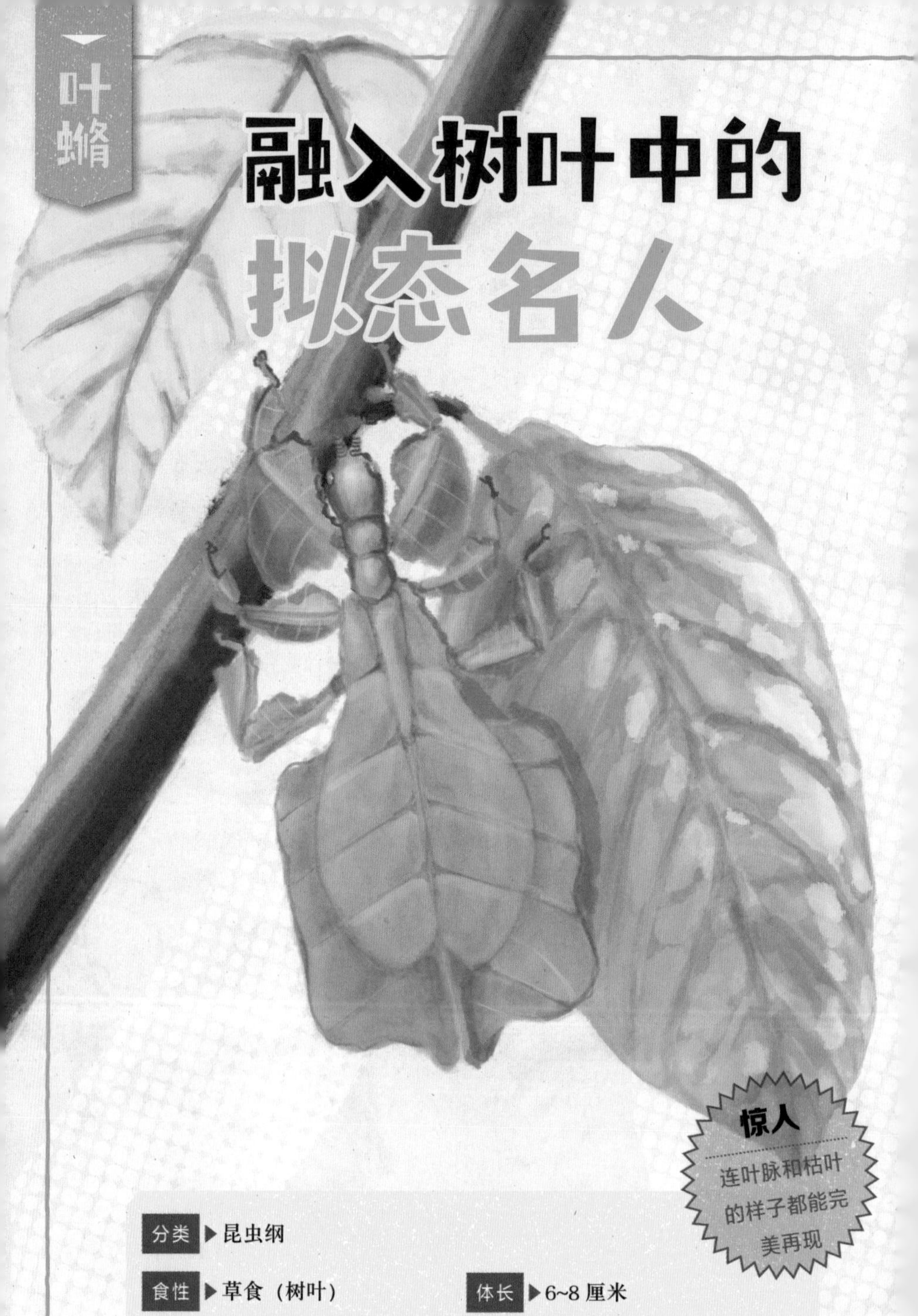

惊人

连叶脉和枯叶
的样子都能完
美再现

分类 ▶ 昆虫纲	
食性 ▶ 草食（树叶）	**体长** ▶ 6~8 厘米
特征 ▶ 完成度超高的拟态	**主要栖息地** ▶ 东南亚等

颜色、形状、质感都和树叶一模一样，在移动时甚至能表现出树叶随风飘舞的样子

我们知道有很多动物为了迷惑敌人，会把自己拟态成周围环境的样子，但完成度如此高的，就只有叶䗛（xiū）了。它们的颜色、形状、质感都与树叶一模一样，足和腹部也像平平的叶子，身体下面也非常像树叶。它们就连卵都像植物的种子，身体的边缘都有着好像被虫子咬过的痕迹。在爬行时，它们会来回摇晃，模仿树叶被风吹动的样子。而且，在叶子变黄变枯的季节，它们会变成枯叶的颜色。最令人惊叹的是它们的前翅有像叶脉一样精巧的纹路，合起来时使它们看起来就像一片真正的叶子。

雌性的拟态非常完美，它们的后翅退化，无法飞起。雄性的拟态也很高超，但没有雌性那样完美，它们细长的上腹部几乎完全露在外面，有后翅，可以飞。叶䗛可以通过交配繁殖，但一只雌性也可以完成繁殖。

遭遇时的应对方法

它们不在树上时反而非常容易暴露自己。把它们放在有树叶的地方，欣赏它们厉害的技巧吧。

133

操纵宿主
入水

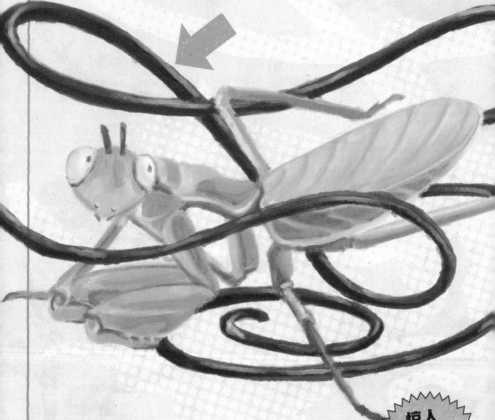

分类 ▶ 铁线虫纲	
食性 ▶ 肉食	**体长** ▶ 15 厘米 ~1 米
特征 ▶ 又长又软	**主要栖息地** ▶ 世界各地的河、池塘、湖泊和沼泽

那个心理阴影又卷土重来了?

希望有经验的人回忆一下。当铁线虫从螳螂的屁股出来时，旁边有没有水呢?

铁线虫原本是生活在水中的生物，它们会在水中产卵，1~2 个月后卵会成长为幼虫。蜉蝣和蚊等会飞的水生昆虫会吃掉铁线虫的幼虫，而这些水生昆虫的成虫则是螳螂和蟋蟀这些陆生昆虫的食物。经过 2~3 个月后，螳螂和蟋蟀的肚子就会变得鼓鼓的，这是因为成功寄生在它们身上的铁线虫长大了。铁线虫接下来要做的事情堪称可怕。它们会向宿主脑中释放一种化学物质，这种化学物质会令宿主四处漫游，来到自己平时绝对不会靠近的水边，然后跳入水中。这是因为铁线虫要在水中交配产卵，因此操纵宿主完成了这些动作。当宿主跳入水中后，铁线虫会再次现出本体。真是一种令人恐惧的寄生生物啊。

遭遇时的应对方法

铁线虫偶尔也会进入人类的体内，但它们不会寄生在人体，也不会操纵人类的大脑，可以放心。

巨大凶暴的
昆虫

地球上有很多令人惊讶的巨大凶暴的昆虫。这里我们来介绍一些会在噩梦中出现的昆虫。

🔍 怪物旱地沙螽（zhōng）

可以说是最强的昆虫了。它们生活在印度尼西亚，体长 7.5~8 厘米，是纯肉食昆虫，食欲非常旺盛，可以捕食比自己还大的猎物。

🔍 大王虎甲

生活在非洲南部，是世界体型最大的食肉甲虫。体长可达 6 厘米，性格非常凶暴，身体结实，加上动作十分敏捷，可以说是全能的勇者了。

🔍 红眼恶魔螽斯

世界最大的蟋蟀，生活在美国得克萨斯州。它们体长可达 10 厘米，有着红色的眼睛和大大的下颚。它们捕食其他昆虫，会在昆虫活着时直接吃掉。

🔍 沙漠蛛蜂

世界最大的蜂，体长可达 6 厘米。广泛分布于美洲大陆，比金环胡蜂还要大，一旦被刺伤，会感受到像被电击般的疼痛。

🔍 屁步甲

体长 1~2 厘米，中国、日本等多地都有分布。它们的身体为黄色，有着黑色的斑点，看起来十分显眼。如果感到危险，它们会喷射出 100℃的有毒液体。

第五章

看起来就很可怕的生物

这里收录了外形会给人很大冲击的生物。
它们的样子过于诡异了，有些反而令人觉得很帅气或是很可爱。

本章最后会介绍"怪异
又可爱"的生物

太过怪异
反而看起来很帅气?

平平的身体可进入狭窄的缝隙

分类 ▶ 蛛形纲

食性 ▶ 肉食　　　　体长 ▶ 5~20 厘米

特征 ▶ 行动具有社会性　　主要栖息地 ▶ 热带、亚热带地区的
　　　　　　　　　　　　　　　　　　森林、潮湿地带等

世界三大奇虫之一，成虫会把幼虫驮在背上抚养

鞭蛛看起来既有蜘蛛的特征，又有蝎子的特征。最具特色的是它们的"足"。最前方的一对足（触肢）有尖刺，可以死死夹住猎物。它们主要以昆虫为食，较大的鞭蛛也会捕食壁虎和蜂鸟等。它们的第二对足为"须肢"，长达10厘米左右，可替代它们退化的眼睛，了解周围的情况。其余的足是用来移动的"步足"。被敌人攻击时，它们会张开这些足来威吓敌人。

鞭蛛扁平的身体中密密地分布着脑细胞，据说它们脑的重量是节肢动物中比例最大的。它们的行动也有一定的社会性，父母会抚养孵化的幼蛛。它们性情比较温和，为夜行性。它们与避日蛛（参见第 148 页）、鞭蝎（参见第 142 页）并称"世界三大奇虫"，虽然外形看起来很奇特，但也可以称之为帅气了，有一些人非常喜欢它们。

遭遇时的应对方法

鞭蛛性情温和且无毒，遭遇时不用太过戒备。

鹿豚

自己的牙
会扎到头中?!

诡异

上獠牙会向头盖骨方向不断生长

分类 ▶ 哺乳纲

食性 ▶ 杂食   **体长** ▶ 80 厘米 ~1 米

特征 ▶ 性情温和   **主要栖息地** ▶ 印度尼西亚苏拉威西岛周边岛内的森林、湿地等

140

两根令人注目的角其实是上獠牙，一直生长的话，最后会怎样呢？

鹿豚只在印度尼西亚的部分地区生活，是一种濒危动物。虽然近100年一直受到法律保护，但数量一直在不断减少，如今仅有几千只。也许因为它们是野猪的同类，且有着非常引人注目的角，因此得名。它们的上獠牙向头上方生长，虽然很长，但不太粗，因此很容易折断，不适合作为武器。因为上獠牙看起来像是要穿透自己的头部一样，所以也被称为"凝视死亡的动物"，但实际上是不会发生这样的事情的。

鹿豚为杂食动物，喜欢吃有毒植物，并通过食用有解毒作用的水和泥来中和这种植物的毒性。这种植物的营养价值很高，而且其他动物不会食用，也许是鹿豚选择这种植物为食的原因。它们常用泥来洗澡，除了可以在夜色中隐藏自己外，似乎也有驱除寄生虫的效果。

遭遇时的应对方法

我们很难见到鹿豚。与外表相反，它们的性情十分温和。

与蝎子不同，没有毒，
但最后一击⋯⋯

诡异

雄性会打架，甚至会同类相食

分类 ▶ 蛛形纲

食性 ▶ 肉食　　　　**体长** ▶ 约5厘米

特征 ▶ 遭遇危险时会喷出酸性液体　　**主要栖息地** ▶ 除欧洲、澳大利亚外，世界各地的热带、亚热带

最后一击是喷出强酸性液体

　　鞭蝎和鞭蛛（第 138 页）为相近物种。因为它们看起来和蝎子非常相似，因此得名。与凶恶的外表不同，它们的性格非常温和，白天会藏在石头下方，夜晚出来捕食蟑螂、马陆和蜈蚣等。

　　当感到危险时，鞭蝎会从肛门处（长尾的根部附近）喷出含有醋酸的刺激气味液体。如果这种液体沾到衣服上，会发出强烈的气味。虽然没有毒性，但一旦入眼会非常危险，沾到皮肤上的话也可能会导致皮肤发炎。

遭遇时的应对方法

　　鞭蝎感到危险时会喷出酸性液体，一旦接触皮肤或入眼会有危险，因此不要把脸凑得太近。

拥有地球最高性能的
触觉器官

诡异

22根展开的触枝
是它们鼻尖的触
觉器官

分类 ▶ 哺乳纲

食性 ▶ 肉食 　　　 体长 ▶ 10~15厘米

特征 ▶ 一整天都在觅食 　　 主要栖息地 ▶ 加拿大、美国东部的森林
　　　　　　　　　　　　　　　　 和湿地

如果不一直进食的话，半天就会饿死?!

不仅在地面，也可在水中活动

　　之所以得名"星鼻鼹"，是因为它们鼻尖的触觉器官形状有些奇怪。因为德国动物学家特奥多尔·艾默曾针对这种触觉器官进行过研究，因此也被称作"艾默器官"。据说在星鼻鼹的触觉器官中有 10 万根神经纤维，是世界最优秀的触觉器官。最近的研究表明，这种器官不仅有触觉，也有嗅觉。

　　星鼻鼹每天需要摄入体重 1/4 至 1/3 的食物。它们的新陈代谢非常快，一旦看到食物，会立刻吃掉。它们挖的地下隧道也是获取食物的通道。如果蚯蚓的数量减少了，它们会立刻挖掘新的隧道。就算气候寒冷，星鼻鼹也不会冬眠，每天都在为了寻找食物而奔忙。除地面外，它们还会进入水中觅食，甚至会潜到池塘和河的底部。据研究，几只星鼻鼹会共用一个隧道，可以推测它们也是具有一定社会性的生物。

遭遇时的应对方法

　　虽然星鼻鼹的眼睛很不发达，感受不到光线，但它们鼻尖的器官非常敏感，因此可以立刻感觉到人类的存在。如果遇到，就不要去惊扰它们了。

北美最大幼虫，被称为"有角的恶魔"

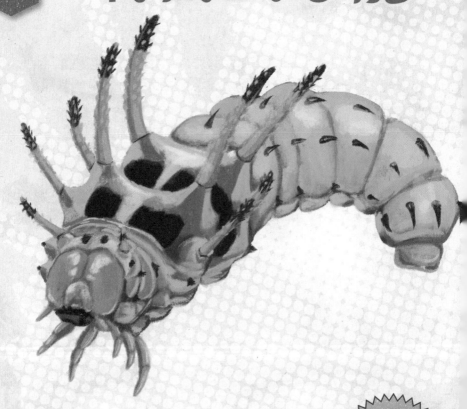

诡异
绿色的身体上长着橙色的角，看起来很像有毒的虫子

分类 ▶ 昆虫纲

食性 ▶ 草食

特征 ▶ 虽然体色鲜艳但无毒

体长 ▶ 约 15 厘米

主要栖息地 ▶ 北美大陆

意料之外对人体无害的恶魔幼虫，被称为『蛾王』的成虫寿命很短

　　角蠋（zhú）蛾幼虫是北美最大的幼虫，它们的外表看起来非常可怕，因此也被称为"有角的恶魔"。它们头部长着橙色的触角，角的前端为黑色，全身也有黑色的尖刺。然而它们并没有毒性。它们的动作非常缓慢，就算害怕蠕虫的人也会觉得很可爱。幼虫刚诞生时偏黑色，蜕皮后会渐渐变成绿色。

　　角蠋蛾成虫被称为"蛾王"，为天蚕蛾的同类。成虫没有嘴，因此当它们成长为成虫后，只能靠幼虫时期积累的营养生活，最终因为无法进食而死去。也就是说，虽然它们实现了从恶魔到王的华丽转变，但作为王的寿命却非常短暂。

遭遇时的
应对方法

　　角蠋蛾幼虫无毒，因此触碰也没有危险。

避日蛛

在世界各地有许多名字的怪虫，是蜘蛛和蝎子的混血？

　　避日蛛常被误解为蜘蛛，虽然它与蜘蛛有一些亲缘关系，但它们被分类在避日科。它们会在太阳晒不到的地方活动，因此得名。

　　避日蛛最大的特征是它们的螯肢呈剪刀状，约占整个身体的1/3。据说它们可以用螯肢切断小动物的肉，并用强力的消化酶将肉溶解成液体再吸入，不过研究表明它们是无毒的。避日蛛在世界各地有许多名字，英语名有 wind

诡异

用大大的螯肢和强力的消化液捕食小动物

分类	▶ 蛛形纲
食性	▶ 肉食
特征	▶ 攻击性较强

体长	▶ 5~10 厘米
主要栖息地	▶ 中东、非洲、南美等世界各地的热带、亚热带及沙漠地区

据说会攻击人和骆驼

scorpion（风蝎）、camel spider（骆驼蛛）等。它们动作非常敏捷，而且具有攻击性，在沙漠中也能迅速移动。

遭遇时的应对方法

避日蛛不大攻击人类，但它们的攻击性很强。虽然它们无毒，但人们可能会被它们的外表吓一跳。

恶魔般的外表

诡异

用长而锐利的爪子剥开树皮，捕食里面的虫子

分类 ▶ 哺乳纲	
食性 ▶ 肉食	**体长** ▶ 约40厘米
特征 ▶ 夜行性	**主要栖息地** ▶ 马达加斯加岛

有着长长尾巴和圆圆眼睛的小猴子，当地人却认为它们是『恐怖的恶魔』

指猴仅在位于印度洋的世界第四大岛屿——马达加斯加岛生活。

因人类砍伐森林，导致指猴的数量一直在减少。过去，人们认为指猴是不祥的生物，是恶魔的使者，因此会捕杀它们，这也是导致它们数量减少的主要原因之一。但现在它们已经是被法律保护的濒危动物了。

指猴只在黑夜中活动，也许当地人在夜色中看到它们比身体更长的尾巴和闪着光的圆眼睛，会觉得这些是不祥的特征吧。

指猴在树上生活，很少下到地面。它们长而锐利的爪子可以抓住树枝，迅速地移动。它们用爪子可以在树皮里面挖出幼虫来吃。

遭遇时的应对方法

指猴几乎不会从树上下来，所以我们几乎不会遇到它们。而且它们是保护动物，就算遇到的话也什么都不可以做。

151

超稀有的 白色蝙蝠

怪异又可爱

挤在树叶下的样子非常可爱

分类 ▶ 哺乳纲

食性 ▶ 杂食

特征 ▶ 白色的毛

体长 ▶ 约4厘米

主要栖息地 ▶ 哥斯达黎加、巴拿马等中美热带雨林地区

白白的、小小的、毛茸茸的，这也太可爱了吧？

夜行性的蝙蝠通常为了隐藏自己，会有着黑色或褐色的毛。不过，洪都拉斯白蝙蝠是白色的。当然，它们之所以是白色，也是有原因的。

洪都拉斯白蝙蝠栖息在热带雨林地区，白天，它们会藏在像帐篷一样的芭蕉叶中。当绿色的叶子被阳光照射时，会有阴影，而白色看起来则会和叶子融为一体。它们这种稀有的体色，是在光照强的环境中逐渐演化而来的。

白天，几只洪都拉斯白蝙蝠会在芭蕉叶中挤在一起。它们毛茸茸的、挤在一起的样子看起来非常可爱，这一小群体中有 1 只雄性和几只雌性。它们会在夜晚活动，主要以果实为食，也会捕食昆虫、蛙类和壁虎等，是小型蝙蝠中比较少见的杂食性蝙蝠。

遭遇时的应对方法

白天可以在芭蕉叶下面看到它们挤在一起的样子。但它们的数量正在不断减少，因此就不要打扰它们了。

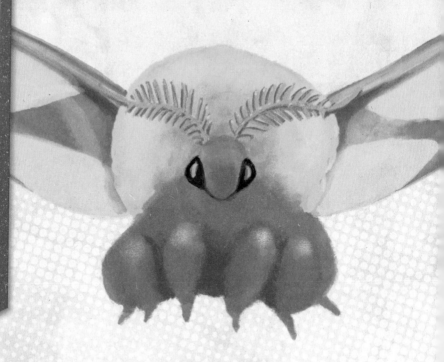

玫瑰枫蚕蛾

怪异又可爱

色彩柔和，怪异又可爱的飞蛾

为什么会这么可爱呢？

玫瑰枫蚕蛾喜欢生活在产枫糖的枫树上，因此得名。它们的名字也有点可爱呢。

它们是天蚕蛾科中最小的一种，和大拇指差不多大。成虫的最大特征是全身覆盖着黄色和粉色的毛，非常美丽。每只蛾的花纹都不同，在网上可以搜到很多它们的照片，几乎让人想不到它们是一种蛾。它们的体色似乎在向捕食者说"我是有毒的"，但实际上它们无毒。

在角蝎蛾幼虫（参见第146页）就提到过，天蚕蛾科的成虫没有嘴，只能靠幼虫时期吸收的营养生存。也就是说，成虫的职责只有交配

分类 ▶ 昆虫纲		
食性 ▶ 草食	**体长** ▶ 3~4 厘米	
特征 ▶ 颜色鲜艳，全身覆盖着毛	**主要栖息地** ▶ 加拿大南部和美国东部的森林、原始森林、落叶树林等	

粉色和黄色
相间的蛾

和产卵。雄性会感知到雌性释放的信息素，如果遇到会立刻交配，24 小时后，雌性就会在枫叶上产卵。

遭遇时的应对方法

如果遇到它们，就拍下照片吧。它们没有毒。

沙漠角蜥

看起来很酷却性格温和，但遭遇绝境会舍身反击！

从沙漠角蜥这一名字就能看出，它们是生活在沙漠的蜥蜴，头上有角。它们主要分布在北美至中美地区，有着扁平的身体，在地面爬行的姿势非常稳重。

沙漠角蜥的天敌是狗、灰狼和郊狼。遇到危险时，它们会把自己扁平的身体巧妙地隐藏在沙漠中。它们隐蔽得通常很成功，一旦被发现，沙漠角蜥还有最后的手段，它们可以从眼睛里把血液像光束一样喷出。血液能喷出 1~2 米，射到敌人的眼睛和脸上。这种血液中含有

血液光束

分类	▶ 爬行纲		
食性	▶ 杂食	全长	▶ 约 10 厘米
特征	▶ 最后会舍身反击	主要栖息地	▶ 美国中西部和墨西哥的半沙漠地区

在沙漠中喷射的
血之光束

天敌讨厌的成分，会令天敌逃跑。然而，沙漠角蜥在这之后会迎来悲剧的结局。它们从眼中喷出的血液量是身体总血量的 1/3，在沙漠中，补充水分非常困难，因此在实施了最后的反击后，沙漠角蜥可能会因出血过多而死。

遭遇时的应对方法

　　如果发现它们藏在沙漠中，就不要去惊动它们了。令狗和狼讨厌的血液成分，对人类也是不好的。

圆圆的身体和短短的四肢
看起来很治愈

怪异又可爱
在土和沙子中生活的
散疣短头蛙，身体非
常干燥清爽

分类 ▶ 两栖纲

食性 ▶ 肉食　　　　　体长 ▶ 4~6 厘米

特征 ▶ 在地下生活　　主要栖息地 ▶ 非洲南部的热带稀树
　　　　　　　　　　　　　　　　　草原

看起来好像一个馒头，摆着一副臭脸的不会跳的蛙

散疣短头蛙的身体圆圆的，一旦受到攻击会像气球一样鼓起来，以威吓敌人。它们短短的四肢可以挖开土和沙子，在地下移动。它们不会像普通的蛙一样跳跃，只能在地面上爬行。雌性比雄性更大，在交配时，雄性短短的四肢无法抓住雌性，因此雌性会分泌黏液来固定彼此。它们以白蚁等小型昆虫为食。

散疣短头蛙一点也不像蛙类，但却有很多人喜欢它们，因为它们的身体摸起来非常干燥清爽，而且看起来总是摆着一副"臭脸"的样子，让人觉得十分治愈。它们大部分时间在地下度过，要是把它们挖出来的话，它们会生气，把身体鼓起来。所以我们看到的散疣短头蛙，大部分是不高兴的。

遭遇时的应对方法

平时在土中生活，所以没有蛙类特有的滑溜溜的触感。把它们放到手上的话，它们会膨起身体。

像扇子一样展开的
两支触角
很可爱

怪异又可爱

触角看起来好像在头上伸出双手

分类 ▸ 昆虫纲

食性 ▸ 草食

体长 ▸ 2~3厘米

特征 ▸ 像面粉一样的体毛

主要栖息地 ▸ 欧洲全境的森林和牧草地

欧洲鳃金龟，孩子们的玩具

欧洲鳃金龟是欧洲最有名的甲虫之一。以前，在当地的孩子们会把这种虫子的腿上系上绳子，像风筝一样拉着放飞，因此也被称为"玩具虫"。它们的成虫每年4月至5月出现，因此在英语中被称为"Maybug"（5月的虫子）。

据说欧洲鳃金龟每3年会大量出现一次，造成农作物较大损失。

幼虫以树根为食，大约3~4年可以长成成虫。它们的幼虫被称为"白色手套"，曾经是人类的食物。但最近这种幼虫被划分为害虫，人们开始扑杀它们，因此数量正在减少。成虫为夜行性，会聚集在路灯处。

遭遇时的应对方法

欧洲鳃金龟个头较大，而且晚上会聚集在灯火附近，非常容易捕捉。不过把它们作为玩具的话，是不是有些残酷呢？

小突起

紧紧吸住
身边的东西
来抵抗潮汐

怪异又可爱
用下方的吸盘
吸住海中的岩
石或贝类

分类 ▶ 辐鳍鱼纲	
食性 ▶ 推测以动物性浮游生物 为食	**体长** ▶ 小于 10 厘米
特征 ▶ 圆圆的身体	**主要栖息地** ▶ 太平洋北部

圆圆的身体轻飘飘地漂浮着，紧紧吸住岩石的努力样子怪异又可爱

睚真圆鳍鱼有着圆圆的身体，身上还长着很多小突起，这些小突起像骨头一样，是硬的。它们不擅长游泳，会随着潮汐轻飘飘地漂浮。睚真圆鳍鱼的腹鳍已特化成一个吸盘，它们会吸在岩石、较大的贝类等物体上，防止被海浪冲到太远的地方。

雌性睚真圆鳍鱼产卵后，雄鱼会用吸盘固定住身体来保护卵。有一种说法是，在它们的卵孵化后，雄鱼会保持着那样的姿势死去。

遭遇时的应对方法

睚真圆鳍鱼身上的突起不是尖刺，也没有毒。它们的身体是刚好可以托在手中的大小，可以试试靠近它们的吸盘，也许它会吸住你的手指或手掌。

参考文献

『おもしろい！進化のふしぎ　ざんねんないきもの事典』
今泉忠明 監修（高橋書店）

『超危険生物スゴ技大図鑑』今泉忠明 監修（宝島社）

『危険生物 最強王者 大図鑑』今泉忠明 監修（宝島社）

『危険生物大百科』今泉忠明、岡島秀治、武田正倫 監修（学研プラス）

『せいぞろい　へんないきもの』早川いくを 著（バジリコ）

『本当は怖い 殺人生物ファイル』クリエイティブ・スイート 著（宝島社）

『ブキミ生物 絶叫図鑑』新宅広二 著（永岡書店）

『危険生物 最恐図鑑』新宅広二 著（永岡書店）

『図解 身近にあふれる「危険な生物」が3時間でわかる本』
西海太介（明日香出版社）

『本当にいる世界の超危険生物大図鑑』實吉達郎 著（笠倉出版社）

『小学館の図鑑 NEO 21 危険生物 DVD つき』（小学館）

图书在版编目（CIP）数据

危险的进化 / (日) 今泉忠明编；赵天译. -- 北京：
中信出版社, 2023.10

　　ISBN 978-7-5217-5405-6

　　Ⅰ. ①危… Ⅱ. ①今… ②赵… Ⅲ. ①动物—青少年
读物 Ⅳ. ①Q95-49

中国国家版本馆CIP数据核字（2023）第033783号

危险的进化

编　　者：[日] 今泉忠明
译　　者：赵天
出版发行：中信出版集团股份有限公司
　　　　　（北京市朝阳区东三环北路 27 号嘉铭中心　邮编　100020 ）
承 印 者：北京尚唐印刷包装有限公司

开　　本：880mm×1230mm　1/32　　印　张：5.5　　字　数：120千字
版　　次：2023 年 10 月第 1 版　　　印　次：2023 年 10 月第 1 次印刷
京权图字：01-2023-0200
书　　号：ISBN 978-7-5217-5405-6
定　　价：34.00 元

版权所有 · 侵权必究
如有印刷、装订问题，本公司负责调换。
服务热线：400-600-8099
投稿邮箱：author@citicpub.com